重庆市出版专项资金资助

川渝地区页岩气水平井钻完井技术

黄 桢 赵晴影 黄有为 黄元洁 叶柏宽 黄梓桑◎著

重庆大学出版社

内容提要

本书立足于我国西南川渝地区页岩气开发所面临的地面地理位置和环境,以及地下实际工况和技术,以页岩气开发的全过程为线索,重点介绍了川渝地区页岩气开发的一整套较为成熟的技术。全书分为4章,其内容包括页岩气钻前工程技术、页岩气钻井工程技术、页岩气工厂化施工和页岩气储层改造技术等。

本书可供从事页岩气开发的工程技术人员、管理人员以及高等院校相关专业师生参考。

图书在版编目(CIP)数据

川渝地区页岩气水平井钻完井技术／黄桢等著. --重庆:重庆大学出版社,2018.9
ISBN 978-7-5689-1321-8

Ⅰ.①川… Ⅱ.①黄… Ⅲ.①油页岩资源—水平井完井—研究—西南地区 Ⅳ.①TE155

中国版本图书馆 CIP 数据核字(2018)第 186381 号

川渝地区页岩气水平井钻完井技术

黄 桢　赵晴影　黄有为
黄元洁　叶柏宽　黄梓桑　著

策划编辑:曾显跃 鲁 黎

责任编辑:文 鹏 杨育彪　版式设计:鲁 黎 曾显跃
责任校对:王 倩　　　　　责任印制:张 策

*

重庆大学出版社出版发行
出版人:易树平
社址:重庆市沙坪坝区大学城西路 21 号
邮编:401331
电话:(023) 88617190　88617185(中小学)
传真:(023) 88617186　88617166
网址:http://www.cqup.com.cn
邮箱:fxk@ cqup.com.cn(营销中心)
全国新华书店经销
重庆新金雅迪艺术印刷有限公司印刷

*

开本:787mm×1092mm　1/16　印张:12.25　字数:158千　插页:8 开 1 页
2018 年 9 月第 1 版　2018 年 9 月第 1 次印刷
ISBN 978-7-5689-1321-8　定价:98.00 元

 **前言**

页岩气是一种赋存于富含有机质泥页岩及其夹层中,以吸附和游离状态为主要存在形式并以甲烷为主的非常规天然气,是清洁、高效的能源资源和化工原料。自从以美国为代表的国家开始"页岩气革命"以来,页岩气就成为席卷全球的增长最为迅速的重要化石能源,尤其在北美已成为能源独立的重要支柱力量。

我国作为页岩气资源量位居世界前列的国家,也开始发展自己的页岩气工业。国内页岩气资源极为丰富,而最具备规模效益开发的条件区域就是川渝地区。从2009年开始,川渝地区逐步试验、研究、发展出了一套切合我国国情的页岩气规模开发技术,并取得了较好的经济效益和社会效益。为最近几年川渝地区页岩气开发技术做一次完整的总结是很有必要的,这也是本书写作的初衷。

本书所介绍的内容都是川渝地区页岩气开发的重要成果。第 1 章,以钻前工程技术为主,介绍了川渝地区页岩气区块的地理特征、平台地面条件评价、井场建设的技术指标、平台建设的经济性分析和平台建设的土地使用;第 2 章,以钻井工程技术为主,介绍了页岩气水平丛式井组钻井技术、钻井液技术、固井技术和测井技术;第 3 章,以页岩气工厂化施工为主,介绍了钻井工厂化施工和页岩气平台优化设想;第 4 章,以储层改造技术为主,介绍了页岩气储层改造评价技术、储层改造工艺技术和储层改造监测技术。本书涵盖了地面评价、井场建设、水平井钻井、体积压裂改造和工厂化施工等各个环节。

鉴于作者水平有限,书中难免有差错与不足,敬请读者提出宝贵意见。

作　者

2017 年 10 月

目 录

第 3 章　页岩气工厂化施工

第 4 章　页岩气储层改造技术

参考文献

第 1 章

页岩气钻前工程技术

1.1　川渝地区页岩气区块地理特征

川渝地区的页岩气富集区域在地理区划中属于四川盆地及其边缘地区,主要地理单元可划分为盆地内丘陵和盆地边缘山地两大部分,如图1.1所示。

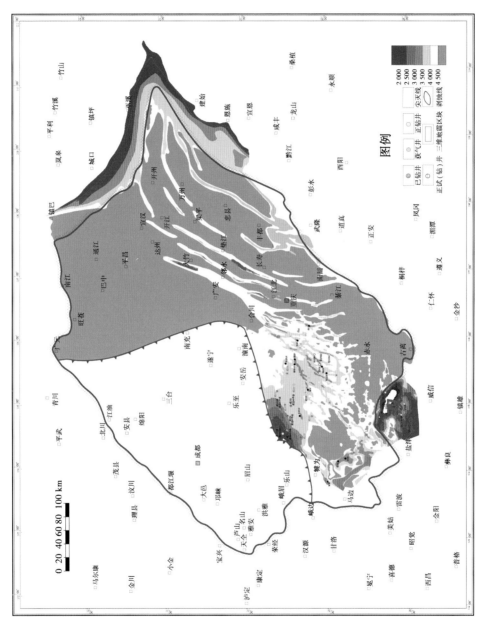

图 1.1　四川盆地页岩气富集区域

盆地内丘陵富集区主要分布在内江、自贡、泸州、宜宾和重庆等地,在盆地东部主要为低山丘陵,海拔多为 300~800 m;在盆地南部主要为低缓丘陵,海拔多为 200~600 m。盆地边缘山地富集区主要分布在重庆东部、云贵川交界地带和渝鄂交界地带,主要为强烈上升褶皱带,山坡陡峭,沟谷深切,海拔多为 300~1 300 m,部分地区相对高差可达 500~1 000 m。

自 2010 年我国第一口页岩气井——威 201 井成功获气投入开采以来,川渝地区已有 5 个页岩气区块投入建设。其中位于盆地内丘陵地区的有中国石油的威远区块、中国石油与壳牌石油联合开发的富顺—永川区块,位于盆地边缘山地地区的有中国石油的长宁区块、昭通区块和中国石化的涪陵焦石坝区块,如图 1.2 所示。

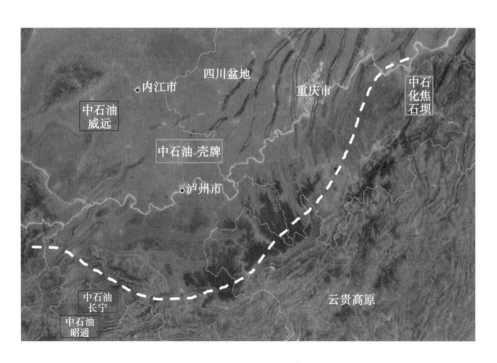

图 1.2　川渝地区现有页岩气区块分布

各区块地形地貌简况如下:

（1）威远区块

威远区块位于内江市威远县境内,地势西北高、东南低,自西北向东南倾斜,分为低山、丘陵两大地貌区。低山区一般海拔为 500~800 m,丘陵区一般海拔为 200~300 m,如图 1.3 所示。区块所在区域属亚热带暖湿季风气候分区,受较特殊的地理位置和地形地貌影响,又分丘陵温暖季风气候分区和低山温凉季风气候分区。冬半年(11 月—次年 4 月)主要受内陆高纬度地区冷雨干燥的冬季风影响,夏半年(5—10 月)受来自低纬度地区的海洋暖湿夏季风影响。冬暖春旱,夏热秋凉;冬干春旱,夏秋多雨。冬无严寒,夏少酷热;无霜期长,日照较少,四季分明。区块内河网密布,水系河流发达,清溪河、新场河、镇西河、越溪河等纵贯区块。

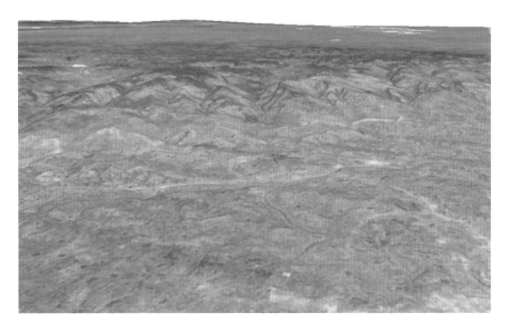

图 1.3　威远区块地形地貌

（2）富顺—永川区块

富顺—永川区块位于自贡市富顺县、泸州市泸县和重庆市永川区境内,区域地势由北向南倾斜,地形以低山深丘、中丘中窄谷、浅丘宽谷、河谷阶地为主,丘陵多呈馒头状。低山区一般海拔为500~800 m,丘陵区一般海拔为200~300 m,如图1.4所示。区块所在区域属亚热带暖湿季风气候分区,受较特殊的地理位置和地形地貌影响,又分丘陵温暖季风气候分区和低山温凉季风气候分区。冬半年(11月—次年4月)主要受内陆高纬度地区冷雨干燥的冬季风影响,夏半年(5月—10月)受来自低纬度地区的海洋暖湿夏季风影响。冬暖春旱,夏热秋凉;冬干春旱,夏秋多雨。冬无严寒,夏少酷热;无霜期长,日照较少,四季分明。区块内河网密布,水系河流发达,沱江、釜溪河、镇溪河小安溪、临江河、大陆溪等纵贯区块。

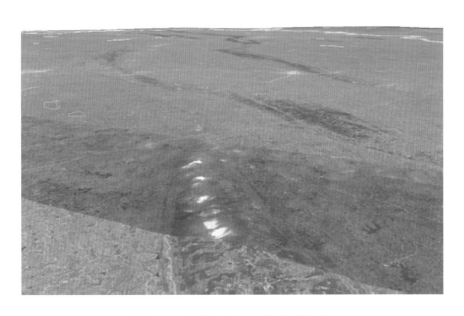

图1.4 富顺—永川区块地形地貌

（3）长宁区块

长宁区块位于四川省宜宾市珙县、兴文县、筠连县境内,地处云贵高原与四川盆地边缘山地过渡区域的斜坡地带,属于高、中山地地貌,地面出露地层以三叠系为主,其次为侏罗系,岩石类型多样,矿产丰富。区内碳酸盐岩分布十分广泛,在内、外应力的共同雕塑下形成了千姿百态的喀斯特地貌景观。区域内沟谷纵横,地形崎岖,地面海拔一般为400~1 300 m,最大相对高差约为900 m,如图1.5所示。区块所在区域属中亚热带湿润型季风气候,四季分明,雨量充沛。境内主要分布有洛普河、南广河、毓秀河三大水系,但因地形崎岖,地表水资源分布不均。

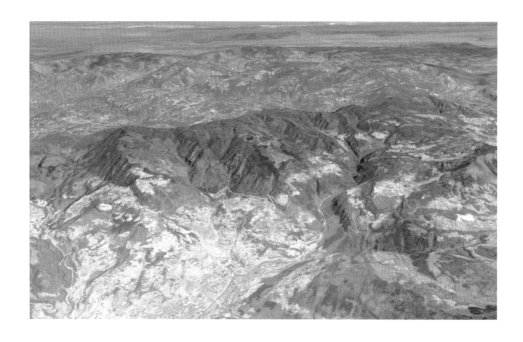

图1.5　长宁区块地形地貌

（4）昭通区块

昭通区块位于云南省昭通市和四川省宜宾市境内，区域地势属典型的山地构造地形，山高谷深属于高、中山地地貌，地面海拔一般为 400～1 300 m，最大相对高差约为 900 m，如图 1.6 所示。区块所在区域属中亚热带湿润型季风气候，四季分明，雨量充沛，但因地形崎岖，地表水资源分布不均。

图 1.6　昭通区块地形地貌

（5）涪陵焦石坝区块

涪陵焦石坝区块位于重庆市涪陵区境内，地处四川盆地和山地过渡地带，地势以丘陵为主，横跨长江南北、纵贯乌江东西。地势大致东南高而西北低,西北—东南断面呈向中部长江河谷倾斜的对称马鞍状。海拔多为200~800 m,如图1.7所示。区块所在区域属中亚热带湿润季风气候,四季分明,雨量充沛。区块内主要河流为乌江,水资源丰富。

图1.7　涪陵焦石坝区块地形地貌

　　川渝地区已有页岩气区块所处区域地理条件复杂:山区断裂破碎带较多,地形地貌、地层岩性和地质构造多变,地质条件较差,在强烈季节性降雨作用下,易发生山洪、泥石流、山体滑坡等地质灾害;山区道路条件差,普遍路窄、弯多、坡陡,交通运输不便;生态环境重要保护区域,动植物资源丰富,环境敏感性强,水土流失风险高;乡镇密布,人口稠密,农田用地紧张,生产、生活基础设施较多。这些都导致页岩气开发面临地理条件差、周边情况复杂等难题。

1.2 页岩气平台地面条件评价

对拟建平台的地面条件引入评价体系,采用四个评价指标:地面、道路、水源和周边环境,每单项条件由差到好分别计1、2、3分,总分为各单项之和,分值越高,条件越好。得分10分以上为一类平台,8~9分为二类平台,8分以下为三类平台。其中,地面按所处地面条件,所在位置为平坦、缓坡、陡坡综合评定;道路按路程远近,路况(路面、弯道、高差)综合评定;水源按距离河流的远近,水源至井场的高差综合评定;周边环境按周边房屋密集程度和农林田地类型综合评定。下面以川渝地区已建成的A区块和B区块为例,对页岩气区块地面条件进行评价。

1.2.1 A区块地理概况

A区块位于四川盆地边缘山地区,共部署25个平台,平台分布如图1.8所示。

地表为典型喀斯特地貌,以山地为主,部分地区相对海拔高差超过400 m,山区、丘陵、平坝比例约7.5∶1.5∶1,地表构造高程如图1.9所示。

该区块各平台之间道路基本为山区四级公路,水泥路面少,道路狭窄;部分平台之间海拔高差大,道路弯多坡陡;修复改建道路较长,部分路段存在改造瓶颈,改造工程量大。该区块道路存在几大难点:

图 1.8　某 A 页岩气区块地形地貌和平台分布

（1）部分道路通行条件差

以 5 号平台为例，前往 5 号平台有一段盘山公路，实地情况如图 1.10 所示，该路段海拔高差大，路窄急弯多，井队搬家、日常材料运输的大型车辆难以通过。只有另外修路绕行才能满足运输需要。

（2）地形受限，道路曲折

山区受地形影响，布线难度大，存在"望山跑死马"的现象。平台之间道路曲折，形成了大环线套小环线的格局，增加了运输路程，其道路分布如

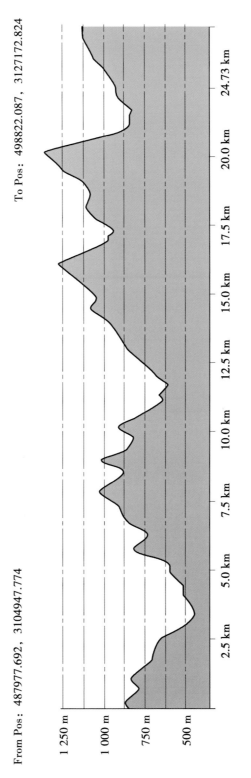

图1.9　某A页岩气区块地表构造高程图

图 1.10 前往 5 号平台的盘山公路

图 1.11 所示。尤其是连接 4 号、10 号、11 号、12 号、7 号、5 号平台的小环线道路,受 5 号平台盘山公路限制,大型运输车辆不能直接由 4 号平台前往 5 号平台,通行顺序为 4 号→10 号→11 号→12 号→7 号→5 号,返程再按上述路线原路返回,大大增加了运输里程和道路修建工作量。

(3)山区道路修建、维护工作量大

道路方案中有多处道路通行条件差,施工难度大、周期长;后期运输、维修成本高,成为整个方案的瓶颈。其中 11 号、12 号、7 号平台之间的路段尤为突出。由于整个方案以环线为主,这些瓶颈的存在严重阻碍道路的整体运行,影响勘探开发的整体进度。

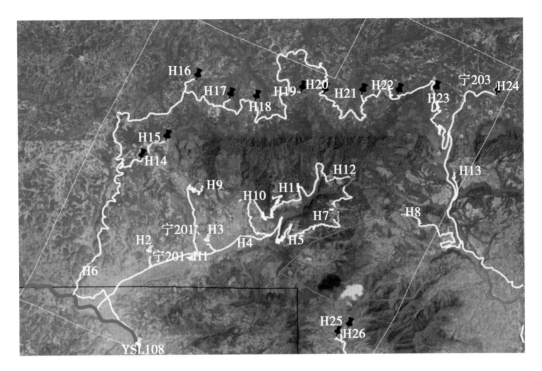

图 1.11　某 A 页岩气区块道路方案

1.2.2　A 区块平台评价结果

根据前述评价体系标准,该区块 25 个平台按此标准所得的评价结果见表 1.1。

表 1.1　某 A 页岩气区块平台选址评价结果

平　台	地　面	道　路	水　源	周边环境	总　分
H2	2	2	2	2	8
H3	3	3	3	2	11

续表

平 台	地 面	道 路	水 源	周边环境	总 分
H4	3	3	3	2	11
H5	3	1	1	3	8
H6	1	1	2	1	5
H7	1	2	1	3	7
H8	2	2	1	2	7
H9	1	1	1	2	5
H10	1	2	1	3	7
H11	2	1	1	3	7
H12	1	2	1	3	7
H13	2	2	3	3	10
H14	2	2	1	2	7
H15	1	2	1	2	6
H16	2	3	1	2	8
H17	2	3	1	3	9
H18	2	3	1	2	8
H19	2	3	1	3	9

续表

平　台	地　　面	道　　路	水　源	周边环境	总　分
H20	2	3	1	2	8
H21	1	2	1	3	7
H22	2	2	1	3	8
H23	2	2	1	3	8
H24	3	2	1	3	9
H25	1	2	1	2	6
H26	1	2	2	1	6

从评价结果可以看出,一类平台有3个(H3、H4、H13),二类平台有10个(H2、H5、H16、H17、H18、H19、H20、H22、H23、H24),三类平台有12个(H6、H7、H8、H9、H10、H11、H12、H14、H15、H21、H25、H26)。

一类平台所在地地面平坦,道路便利,而且靠近河流(一般在500 m以内),生产用水方便(尤其在压裂阶段,耗水量巨大)。这类平台的典型例子如H3平台,如图1.12所示。

二类平台所在地地面较为平坦或处于丘陵缓坡,地面开阔,地表条件尚可。道路也较为便利,但总体来说路程较远。二类平台基本远离河流,部分平台位于山上,取水不便。这类平台的典型例子如H5平台,如图1.13所示。

图 1.12　H3 平台所在环境示意图

图 1.13　H5 平台所在环境示意图

三类平台所在地一般为陡坡,地表条件较差。道路多急弯且高差大,还有需要拆迁的地方。三类平台都远离河流,周围无大型水源。这类平台的典型例子如 H7 平台,如图 1.14 所示。

图 1.14　H7 平台所在环境示意图

1.2.3　B 区块地理概况

B 区块位于四川盆地中部丘陵地区,分为两个部分,共 17 个平台,平台分布如图 1.15 所示。

地表分为低山、丘陵两大地貌区,相对海拔高差为 100~830 m,总体山势较为低缓,地表构造高程如图 1.16 所示。

该区块两个部分各平台之间道路基本为乡村四级公路,区内交通较为便利,乡村公路网发达;现有道路水泥路面较多,部分为土质路面,但道路较为狭窄;部分道路弯多坡陡,改建施工量较大。

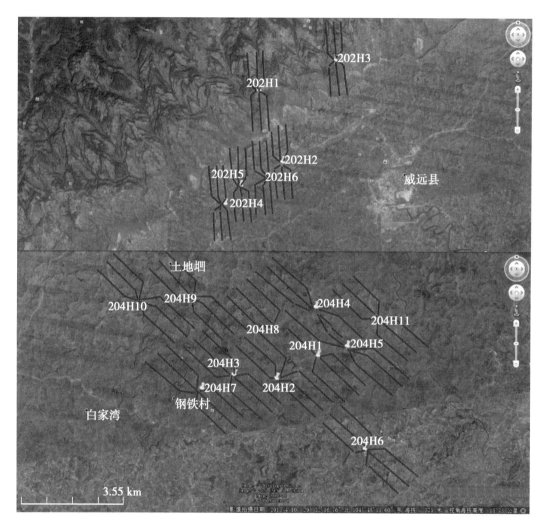

图 1.15　某 B 页岩气区块地形地貌和平台分布

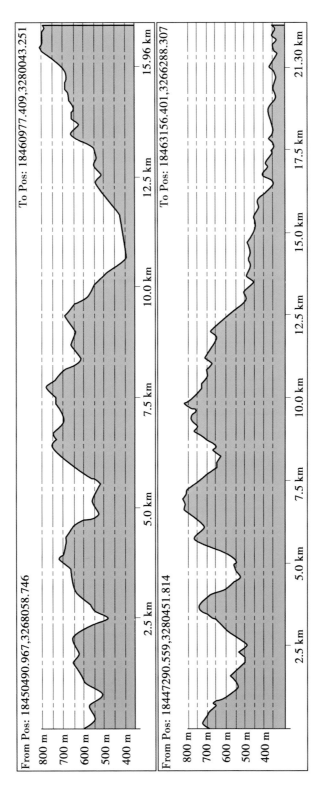

图1.16 某B页岩气区块地表构造高程图

1.2.4　B 区块平台评价结果

采用与 A 区块相同的评价方法和指标,B 区块平台地面条件都较好,多数平台地貌如图 1.17 所示,只有个别平台地形起伏较大,如 204H10 平台。该平台位于山坡旱地,地面起伏较大,平台井场左低右高,平台左侧边缘和后方边缘为陡坡,左侧边缘陡坡下还有民房和鱼塘,因此,环保和安全压力大。

图 1.17　某 B 页岩气区块拟建平台地貌

大多数平台距离河流较远,基本都采用拉水钻井方式,平台之间需要建设供水管线。也有如 204H4 平台这样水源条件较好的平台,距离水库约 900 m,水源供给较为便利,水源分布如图 1.18 所示。

B 区块最大的问题是平台周边居民较多,详情见表 1.2。这个区域 100 m 内的民房需要拆迁,100 m 以外的居民面临噪声影响,给平台的修建及后期的施工带来隐患。

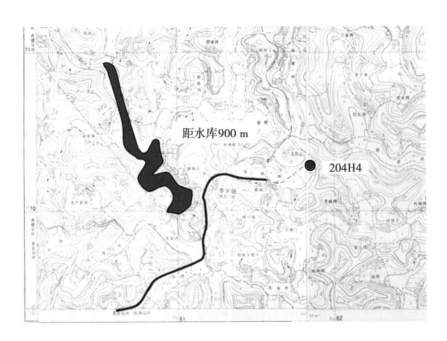

图 1.18　204H4 平台水源分布情况

表 1.2　B 区块部分平台周边人居情况

平　台	100 m 内人居/人	100~300 m 内人居/人
202H1	3	91
202H2	0	123
202H3	0	176
204H4	0	133
204H5	0	183
204H6	61	218
204H9	51	0
204H10	3	115
204H11	172	212

1.3 页岩气平台井场建设的技术指标

页岩气平台选址首先要满足质量安全环保的要求,平台要满足最小安全距离的要求,主要技术指标见表1.3。

表1.3 井场设施和周边构筑物的安全距离

井场设施	周边构筑物	安全距离/m
井口	民宅	≥100
井口	高压输电线及永久设施	≥75
井口	铁路、高速公路	≥200
井口	场镇、学校、医院、大型油库等人口密集性和高危性场所	≥500
井口	采矿坑道口	≥500
放喷坑	井口	≥100
放喷坑	民宅、林区、电线及其他永久性设施	≥50
集液池	民宅	≥30

页岩气区块所在地普遍人口众多,周边房屋和各类设施密集,往往不能满足标准所要求的安全距离。为满足安全要求,需要进行拆迁。在建

的平台中已遇到此类情况,少则1~2幢房屋,多则5~6幢房屋,涉及面积数百至上千平方米,更为特殊的是需要迁移大面积的坟地。一旦拆迁,将对当地居民产生较大影响,导致拆迁工作量大、耗时长且地方赔偿难以协调等问题。

通往平台的道路在满足大型运输车辆最低通行要求的基础上,还要考虑山区、丘陵地带的地形条件,一般为四级单车道公路,设计荷载为公路Ⅱ级,其余技术指标见表1.4。

表1.4　井场道路主要技术指标

项　目	单　位	技术指标
计算行车速度	km/h	20
路基宽度	m	4.5
行车道宽度	m	3.5
土路肩宽度	m	2×0.5
平曲线极限最小半径	m	18
最大纵坡	%	10
最小坡长	m	60
竖曲线极限最小半径(凸型)	m	200
竖曲线极限最小半径(凹型)	m	200
路拱坡度	%	2
公路路面净空高度	m	4.8

井场道路一般由乡镇水泥公路、村社机耕道和进场公路三部分组成。乡镇水泥公路一般里程为几千米至十几千米,普遍通行条件较好,少部分路段与弯道需要加宽和改建(增加挡墙、护坡等),可能涉及桥梁、涵洞、渠道的改建,有较多杆线、管道、线路等基础设施需要移除。村社机耕道一般里程为数百米至几千米,通行条件一般,大部分路段和弯道需要加宽、改建(增加挡墙、护坡等)和增加错车道,可能有路面遮挡物需清除。进场公路一般里程为数百米,通常为片石、泥结碎石的新建道路,可能导致挖填方施工量较大。

页岩气平台的井场尺寸以常规单井的井场尺寸为基础,见表1.5。

表 1.5　常规单井的井场尺寸

钻机型号	长/m	宽/m	面积/m²
ZJ10、ZJ20 车载	55(前 20+后 35)	25(左 12+右 13)	1 375
ZJ20	65(前 35+后 30)	30(左 15+右 15)	1 950
ZJ30	75(前 43+后 42)	32(左 17+右 15)	2 400
ZJ40	95(前 53+后 42)	40(左 20+右 20)	3 800
ZJ50L、ZJ50L-ZPD、ZJ70L、ZJ-70ZPD	97(前 54+后 43)	42(左 22+右 20)	4 074
ZJ50D、ZJ70D	105(前 50+后 55)	45(左 22+右 22)	4 725
ZJ90	125(前 65+后 60)	70(左 33.5+右 36.5)	8 750

同时又综合考虑丛式井钻井和压裂改造的需要,对井场尺寸提出了新的要求:

①同一排井的井间距需不小于 5 m,双排布井时两排井口错开半个井间距;双排丛式井组双钻机布置时排间距要大于 30 m,场地受限时也要不小于 28 m;纵向上每增加一口井,井场长度增加 5 m。

②同时使用两台 50 型钻机的最小尺寸为 95 m×80 m,同时使用两台 70 型钻机(或一台 50 型钻机和一台 70 型钻机)的最小尺寸为 105 m×80 m。

③拉链式压裂作业最小尺寸为 95 m×80 m,同步压裂作业最小尺寸为 120 m×80 m,压裂设备摆放一侧的长度应不小于 45 m。

基于以上要求,现阶段页岩气平台布置一般有三种规格:单排 8 口井(180 m×60 m),场基面积为 10 800 m²;双排 6 口井(115 m×80 m),场基面积为 9 200 m²;双排 5 口井(105 m×80 m),场基面积为 8 400 m²。

丛式井平台在井场建设时要充分考虑双钻机的特殊情况进行井场布置:双排双钻机宜按钻机前后场倒置方式布置,其供电、水、油、废弃物、污水处理等应统一布置;其余类型的丛式井组作业钻机应按钻机整体平移需求布置钻机设备。

页岩气区块平台所在丘陵和山区环境,挖填方施工量一般较大。在进行挖方施工时,大型挖方的坡度应严格符合设计,不得陡于设计,否则既增加了挖方量,边坡也不稳定,还容易垮塌产生余土。如采用爆破开挖,应严格计算药量,避免药量过大造成超挖。在进行填方施工时,应对填方基底进行清理和压实;填方边坡应修整、拍打密实,可用含水黏土拍打,以防雨水冲毁。

页岩气平台的池类可依据地勘资料和地形灵活布置。川渝地区页岩气井井深普遍为 4 000~5 000 m,池类容积参考了常规单井的池类标准,见表1.6。但由于需处理油基钻井液使用中产生的含油岩屑,页岩气平台的池类要求更高:

①增设带雨篷的固化填埋池,容积按每口井 400~450 m³ 计,一个平台为 2 000~3 600 m³。采用集液池取代原废液池,容积一般为 400~450 m³,用于储存钻井用水。集液池、固化填埋池池体为钢筋混凝土,池底和池壁钢筋需搭接配筋,水泥砂浆抹面防渗处理。

②后期体积压裂改造需要大量清水,增设清水池,容积一般为 5 000 m³,满足同时压裂两口井的供水量。清水池一般利用附近水田、旱地进行修建,先将表层稀泥堆至弃土场,将挖方用作池干填方,池底和内、外壁铺 HDPE 防水膜(防水膜连接采用胶接),在池内积水坑及泵头安放区增设混凝土层。

表1.6　常规单井的池类标准

井深/m	井身结构/mm	废液池/m³	岩屑池/m³
<2 500	244.5×177.8	1 020	380
2 500~3 000	244.5×177.8	1 220	400
3 001~3 500	244.5×177.8	1 340	420

续表

井深/m	井身结构/mm	废液池/m³	岩屑池/m³
3 501~4 000	339.7×244.5×177.8	1 580	450
	244.5×177.8	1 480	440
4 001~6 000	508×339.7×244.5×177.8	1 950	540
	339.7×244.5×177.8	1 800	500
6 001~8 000	508×339.7×244.5×177.8	2 050	600
	339.7×244.5×177.8	1 900	550

　　川渝地区年降雨量大,每年5—10月是降水最集中的月份,这段时间也是地质灾害多发期,因此要严格做好井场的排水设施建设。在井场内设置高出井场10 cm的污水沟,在井场外设置排污沟,用于将污水引排到集液池的沉砂池内。井场四周设清水沟,使周边环境(尤其是山体流水)的排水体系和环绕井场的排水体系衔接顺畅,确保清水能顺利排入自然水系,避免井场、道路积水。沟渠和池类的底部如有填方,应保证填方的压实度,并在底面加铺一层防水材料,保证防水防渗效果,防止因填土沉降拉坏沟渠和对池底面造成渗漏。

1.4 页岩气平台建设的经济性分析

统计已建页岩气丛式井平台,总造价从 1 000 万~2 000 万元不等,约为常规单井井场造价的2~4倍。以每个平台5~8口井计算,平均单井造价为 200 万~400 万元,与常规单井井场造价大致相当或者更低。

平台建设费用由土地费、井场修建费、道路修建费、房屋及机泵房拆安费、供水供电费、土地复垦费、勘测设计费、预备费和其他费用(房屋道路补偿费、环评费、压覆矿评估费、地灾评估费、规划许可证费、监理费等)组成。以已建成的某平台为例,各部分所占比例如图 1.19 所示,其中,井

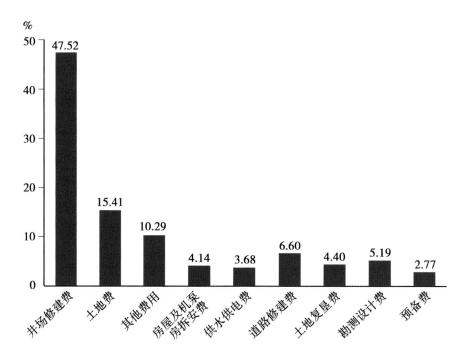

图 1.19 某平台建设费用构成

场修建、土地费用和其他费用占总费用的 73.22%，其他费用中，房屋道路补偿费占 60%。

各种费用中房屋及机泵房拆安费、监理费、供水供电费、勘测设计费、预备费、环评费、压覆矿评估费、地灾评估费受井场地理情况、平台井数的影响较小，费用较固定，容易控制。

在实际施工中，大多数平台地处山区，改建、新建公路的路线曲折，井场受地形限制大，井场挖填方和挡墙施工量较大，部分路段和场地的岩石开挖需要爆破施工；大多数平台远离水源，压裂用清水池所需容积较大；当地村民因种种原因阻拦施工的现象较为普遍，如某平台从进场到完成施工耗时近 4 个月，但纯施工时间只有 28 天，工期严重滞后且赔偿数额较大。从以上情况可以看出，土地费、井场修建费、道路修建费、土地复垦费、房屋道路补偿费受井场地理情况、布置方式和地方政策影响较大，难以准确测算，各平台实际产生费用差异较大，土地费和房屋道路补偿费还可能出现大幅超预期的情况，费用控制难度大。

1.5 页岩气平台建设的土地使用

1.5.1 土地利用要求和现状

页岩气区块所在的川渝地区是传统的农业主产区，人多地少，耕地紧张，为了尽量减少对土地的影响，以"促进土地集约节约利用，保护环境，实现可持续发展"为原则,在规划阶段就确立了页岩气平台建设的土地使用采用建设用地、协议用地和临时用地三种方式。

建设用地包括对建井站所需面积和井场内进井站的车道进行征地,通常占井场总面积的 30%~35%,以尽量减少征地面积为出发点,达到土地、经费双节约的效果。协议用地包括井场内除建设用地征地面积外的其余面积、池类、储备罐、放喷坑(含放喷坑残酸池)、弃土场、井场范围内边角地用地和恢复村民人行道用地。临时用地包括水罐、油罐、放喷坑外墙与安全围墙之间的土地、井场附属设施外移区(含道路)、野营房、厕所、生活区临时道路、车辆施工便道和表土堆放场。

在平台建设过程中,要以"减少对环境的破坏,保护自然环境"为宗旨实行土地高效利用。在取土施工阶段,路基、场基施工时要选择取土场的合理位置,路基、场基填料需到指定的取土场集中取料,不得沿线随意开挖或随意使用不良土质进行填筑。对于井场、池类需剥离的表土,在堆放前应用编织袋装土码砌护脚,表土运到表土场后必须按层铺法进行堆放,堆放完成后用防水彩色胶布覆盖表土,待钻井完后将堆放的表土用于复垦,以达到土地最大化利用的目的。

按照"源头控制、防复结合"原则,应尽量保持除储存表层土外的挖、填土(石)方平衡,尽量避免工程弃土。对于工程因技术经济原因需设置弃土场时,弃土场位置除满足就近和场地稳定条件外,还应尽量避免占用耕地;应兼顾土地复垦储存表层土所需场地。弃土的堆放除满足安全、稳定要求外,还应合理安排岩土排弃次序,尽量将含不良成分的岩土堆放在深部,品质适宜的土层(包括易风化岩层)堆放在上部,经平整压实后,再覆盖表层土。弃土场应有排水和控制水土流失措施，弃土边坡一般不超过25°。已产生的弃土必须堆放到指定的弃土场，严禁随意乱倒、乱堆，避免破坏、污染环境和堵塞河道，造成环境问题。

页岩气平台在建设过程中坚持资源节约和环境保护的基本国策，实现"在保护中开发，在开发中保护"，按照"谁开发、谁保护、谁破坏、谁复垦"的原则进行土地复垦。页岩气区块平台井场所在地域一般为农垦区，地表植被茂盛，在平台建设中尽量少占地（尤其是耕地），首先从源头上杜绝乱用地现象。

复垦方向以农用地优先为主，以恢复生态环境为辅，因地制宜地建立植被与恢复体系，同时遵循"破坏土地与周边现状保持一致"的原则，兼顾土地权属者使用意愿。复垦土沉实厚度一般为0.3~0.5 m，复垦种植恢复期为3年。复垦场地有水土保持措施和排水设施，并应与周边自然水系和水利设施相适应。复垦后的耕地坡度一般不超过5°，其他农用地坡度不超过25°。用作复垦场地的覆盖材料，不应含有有毒、有害成分；对场地已有的有毒、有害介质，应采取剥离、回收等处置措施，必要时先设置隔离层后再进行覆盖处理。

页岩气平台井场一般压占土地面积小于100万 m^2，排土高度小于30 cm，破坏程度为轻度—中度破坏，涉及用地类型主要有水田、旱耕地、林地、荒地。在遵循"农用地优先"的原则下，尽量保护现有的耕地资源。除保留油气开采所需的建设用地外，其他的井场用地如废水池、岩屑池、放喷坑、泥浆储备罐、套装油水罐等临时用地，应完全剥离、清除井场拟复垦区场面结构层和被钻井液、油类等污染土体；拟复垦区内需拆除构筑物

（基础），拆除深度控制在待覆盖土层底面以下；布设具备自流条件的排灌、防洪沟渠，并与周边水系连通，以保护井场区生态环境。在确保与周边环境一致的方向下复垦为旱耕地，单地块耕作面宽度以 5~20 m 为宜，长度以 20~100 m 为宜，其间布设耕作便道或田埂。钻井液储备罐一般位置较高，并且高于原有场地平面，不宜复垦为水田，一般复垦为旱耕地。

集液池和固化填埋池有污染物不能排放，不能作为养殖池和复垦为水田，必须进行无害化固化处理后浇筑混凝土并覆盖沉实厚度不小于 0.5 m 的盖土，复垦为旱耕地。压裂用清水池复垦时用稀泥和池干土作为复耕土。同时井场场面、设备区防渗层和基础、放喷坑、储备罐、油水罐等需要拆除的部分含有带油污混凝土、砖块等废弃物，需要油污运至废水池或岩屑池内，和池类一起进行无害化固化处理，避免影响环境。生活区临时用地主要为两季田、旱耕地、林地、荒地，钻井完成后，使用过程中对原地貌改变小，应按与周边环境保持一致的原则，复垦为原有土地类型（两季田、旱耕地、林地、荒地）。厕所粪池如村民需利用，则以池相还；否则回填待覆盖土复耕。垃圾处理池在原池内进行压实、掩埋，并用厚 10 cm 的 C20 混凝土作封隔层，再回填沉实厚度不小于 0.5 m 待覆盖土复耕。

应尊重当地村民生产、生活习惯，结合地形地貌和道路功能合理布局复垦区道路，并与界外道路贯通，形成路网，方便人畜通行和农用运输。排水沟、防洪渠等应大弯随弯，小弯取直，采用石（砖）砌筑或作护壁，引流沟应设置沉沙凼。当沟坡度大于 5% 时，宜每 50 m 沟长设置 1 个；当沟坡度不大于 5% 时，宜每 100 m 沟长设置 1 个。田间主道路面宜采用工程拆除的石（砖）或预制板，支线宜采用土路面。田埂（土坎）应顺等高线和兼顾原地权属地界布置,复垦田(土)面宽度不宜小于5 m,除利用原砌筑体或拆除石材砌筑外,一般采用土体形式。应总体考虑,最大限度利用钻前工程设施和场地,尽量减少拆除和砌筑工程量;最大限度使用钻前工程拆除材料,合理布置道路、沟渠、田埂线型,做到节约资源,减少弃物,道路与田埂兼用,节约占地。

通过最大限度节约土地和最大限度的环境友好处理,最后达到复垦率大于90%的目标,保障能源绿色开发。

1.5.2　平台建设的建议

(1)优选平台位置

遵循"地面服从地下"的原则,在地下目标确定后,对井场的地面位置和道路路线要进行优选。不能只考虑"一次成本",有必要综合考虑地质灾害的处置成本、平台后期维护和安全风险的成本。对地表环境要严格做好地质勘查,优化钻孔布置,详细进行取样分析和计算,尤其是水对土体的影响,真正发挥地质勘查的指导作用。对近地表环境应开展地下裂缝、溶洞、暗河和矿井坑道的地面调查和外围走访,还可以用高密度电法技术对平台近地表勘查,评估地下裂缝、溶洞、暗河和矿井坑道的发育情况,整体满足要求后再局部加密测线扫描,标示出主要溶洞发育区和地下破碎带的范围、走向。

(2)优化平台设计

设计是降本增效的根源,要针对当地的地质、气象环境进行设计,切忌千篇一律,做好特殊措施和工艺技术的详细设计。结合平台周边环境特点,尽量避免高回填工程和开挖顺向坡(自然坡向和地层倾向一致),减少场地挖填方量,将设备基础设置在挖方区域,减少路面改造和杆线拆迁,从源头上降低工程量,降低平台总体造价。

(3)强化环境管理

开工前应对施工区域及附近的水体(池塘、河流、水井、稻田等)做好调查,委托具有相关资质的机构(如环保站、防疫站)进行取样化验备案。还应做好工程影像资料的记录、备案,包括沿途道路、管线、线缆,井场占地、拆迁房屋等的原始资料。施工时运输车辆应采用相应遮盖措施,施工地段应经常洒水,以减少施工粉尘污染。

(4)提高经济意识

对平台建设工程总包模式进行积极探索,可以采取多个平台批量总包模式进行试点,以类似于钻井的方式测算批量建造平台的费用,以页岩气平台的数量优势降低成本风险,提高整体效益。

第 **2** 章

页岩气钻井工程技术

2.1 页岩气水平丛式井组钻井技术

页岩气开发从美国起步,在 2002 年以前,美国页岩气的开发主要采用直井和水力压裂技术。2002 年,美国在开发 Barnet 页岩时开始试验应用水平井钻井和水平井水力压裂技术。以一口穿透储层 30.48 m 的直井为例,与储层接触面积为 20.62 m^2;同样直径的一口 609.6 m 长水平井,与储层接触面积为直井的 20 倍;一口穿透储层 30.48 m 的直井,同时经过一条 45.72 m长的裂缝,与储层接触面积为直井的 270 倍,为水平井的 13.5 倍; 一口 609.6 m 长水平井,同时经过 10 条 22.86 m 长的裂缝,与储层接触面积为普通直井的 1 013 倍,为普通水平井的 50 倍。由此可见,水平井钻井技术实现了储层的最大化开发,增加了可动用储量,增加了单井产量,且不明显增加开发成本。2003—2007 年,Barnet 页岩水平井累计达到 4 960 口,占 Barnet 页岩生产井总数50%以上。2007 年完钻 2 219 口水平井,占该年页岩气完井总数的 94%。2009 年 Barnet 页岩气井钻井数量为 13 740 口,水平井超过 95%。Barnet 页岩完井方式演变历程如图 2.1 所示。

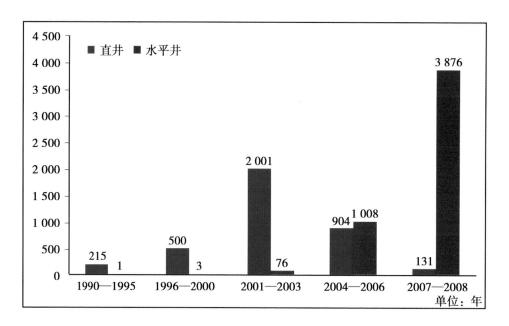

图 2.1　Barnet 页岩完井方式演变历程

随后为进一步降低开发成本,减少环境和生态影响,提高资源及设备利用率,将水平丛式井组理念引入页岩气开发。美国 Marcellus 页岩气区自 2007 年采用水平丛式井组技术后,垂深 2 500 m、水平段长 1 300 m 的水平井钻井周期仅为 27 天,2011 年该气区超过 78% 的井采用"井工厂"开发模式。

我国在川渝地区开发页岩气,为达到经济开发页岩气气藏的目的,也借鉴美国模式采用在单个井场开展丛式井组钻井,依靠在一个井场钻多口井来降低综合成本,同时优化地面井网布置以实现储层最大化开发。丛式井组地面井位布置基本原则是要利于地面工程建设、利于钻机搬迁拖动、减少井眼相碰风险、利于储层最大化开发、满足工程施工能力等。川渝地区主要以丘陵、山区条件为主,周围民房、人口、农田众多,交通不便,井场规模受限,丛式井组选址、环境保护等工作有一定困难,同时为缩短投产周期,目前丛式井组基本按 4 口或 6 口井双排布置,井口间距 5 m,排间距 30 m。

页岩气丛式井平台为典型的三维水平井,如图 2.2 所示,按每个钻井平

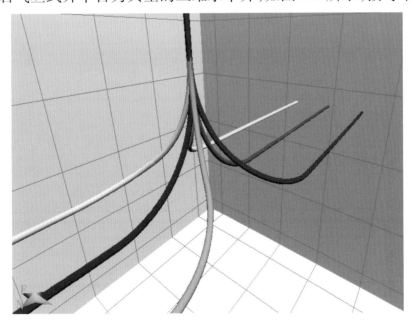

图 2.2   页岩气丛式水平井组三维井眼轨迹示意图

台单边3口井,其中外围两口井横向位移达到400~500 m,这是影响轨迹设计和工程难度的重要因素,总体上采用"直—增—稳—扭—增"模式中靶,全程随钻监测,视情况在表层进行防碰定向;扭方位作业设计在井斜50°之前完成,从而减小工程难度并利于延伸水平段钻进;采用"稳斜探顶、复合入窗"的轨迹控制方式,如图2.3所示。

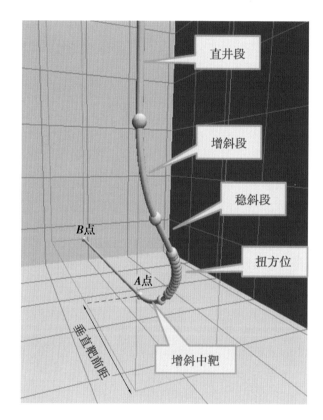

图2.3　三维井眼轨迹示意图

水平丛式井组对轨迹基本要求为垂直靶前距200~300 m,水平巷道间距200~400 m,水平段长1 200~1 600 m,A—B点方位0°。按照地质靶区的要求,需要采用一定的微勺型井眼来减小中靶难度。以某区块为例,不同井斜角扭方位的井眼轨迹方案,见表2.1、如图2.4所示,在相同作业能力下,

表 2.1　某区块井眼轨迹剖面参数对比

| 方案 | 311.2 mm 井眼 | | | | | | | | 215.9 mm 井眼 | |
	造斜点/m	定向方位/(°)	增斜率/[(°)·(30 m)$^{-1}$]	扭方位角度/(°)	扭方位狗腿度/[(°)·(30 m)$^{-1}$]	扭方位井段长度/m	固井深度/m	固井井斜角/(°)	增斜率/[(°)·(30 m)$^{-1}$]	完钻井深/m
方案一	1 310	117.57	4.41	25.00	3.79	360	2 685	54.04	5.30	4 388
方案二	1 530	118.35	4.46	31.25	3.92	430	2 720	54.15	6.23	4 393
方案三	1 805	117.50	4.87	43.00	3.70	650	2 792	54.60	10.15	4 397

扭方位的井斜角越小,造斜点越浅、扭方位井段越短、下部井眼增斜率越小;而扭方位的井斜角越大,造斜点越深、扭方位井段越长、下部井眼增斜率越大。

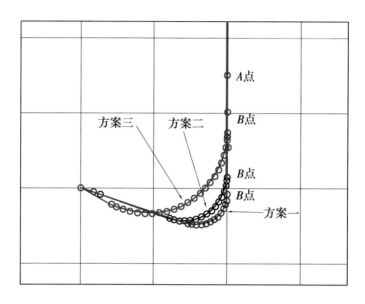

图 2.4　某区块井眼轨迹水平投影图(粗线条为扭方位井段)

因此,综合考虑井眼轨迹应采用低井斜角 25°～35°进行扭方位较为合适。设计井眼轨迹方案见表 2.2,实施过程中应根据具体情况进一步优化方案。

部分页岩气区块的储层受构造作用,地层具有一定倾角(一般为 2°～4°)。根据地应力研究结果,为保证后期压裂效果,水平井延伸方向应与地层倾向尽量一致,因此两排水平井的水平段井斜角略有不同,一组为上倾井(井斜角大于 90°),如图 2.5 所示;一组为下倾井(井斜角小于 90°),如图 2.6 所示。

表 2.2　某区块井眼轨迹剖面设计参数表

描　述	斜深 /m	井斜 /(°)	网格方位 /(°)	垂深 /m	狗腿度 /[(°)·(30 m)$^{-1}$]	闭合距 /m	闭合方位 /(°)	监测方式
直井段	1 530	0.00	108.35	1 530	0.00	0.00	0.00	多点/MWD
定向增斜段	1 740	31.25	108.35	1 730	4.46	55.86	108.35	MWD
螺杆稳斜段	2 130	31.25	108.35	2 063	0.00	258.18	108.35	MWD
定向扭方位	2 560	31.25	0.00	2 431	3.92	401.16	85.63	MWD/LWD
定向增斜段	2 720	54.15	0.00	2 548	4.29	423.24	70.92	LWD
定向增斜段（A 点）	2 893	90.00	0.00	2 600	6.23	500.00	53.13	LWD
水平段（B 点）	4 393	90.00	0.00	2 600	0.00	1 844.00	12.53	LWD

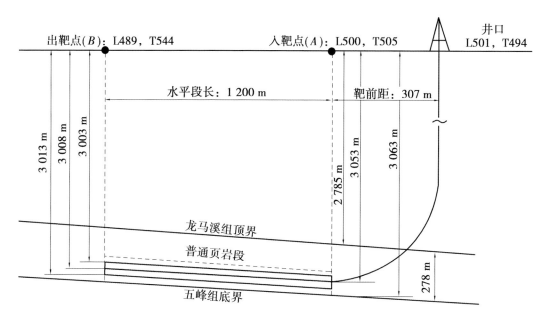

图 2.5　某区块上倾井示意图

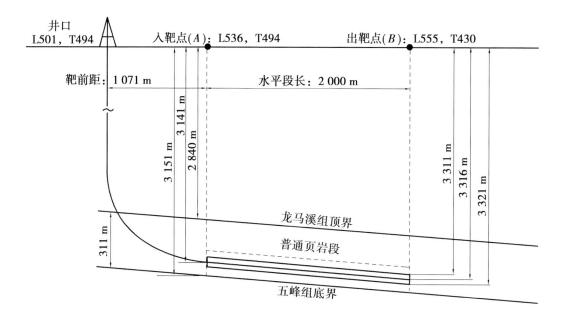

图 2.6　某区块下倾井示意图

2.1.1　丛式井防碰绕障技术

页岩气平台丛式水平井组井口间距一般为 5 m,井口间距小,防碰要求高,防碰工作从直井段开钻就要开展。开钻前应充分了解本井组邻井的井眼轨迹数据,判别出该井哪些井段可能存在防碰问题,并对重点井段进行仔细分析。开钻前必须对设备进行全面检查,天车、转盘、井口三者的中心线在一条铅垂线上,偏差不大于 10 mm。在井深 0~50 m 内每钻进 0.5 m 校正方钻杆垂直度,保证方钻杆中心对准转盘中心,禁止随意加钻压,钻铤未加完前井内钻铤不能满足设计钻压要求时应按井内钻铤质量的 60%~70% 加压钻进,防止起步井斜。直井段应控制好井眼轨迹走向,加强井眼轨迹监测,必须测得可靠的井斜方位数据,测量间距不大于 30 m,必要时应加密测斜,减小井眼相碰风险。采用随钻测斜接头或单/多点吊测,测读数据时,应认真查看各项磁场参数是否正常,可根据测斜仪器的磁干扰幅度变化情况辅助判断与邻井的距离;磁干扰严重的井段应改用陀螺仪重新测斜。直井段采用设计为"钟摆"钻具组合将井斜严格控制在 1° 以内。同时直井段钻进时应坚持划眼,以利于修整井壁和满足带砂保证井下安全。

钻进中应加强井眼轨迹防碰扫描和 200 m 未钻井段的防碰预测,推荐采用三维最近空间距离扫描法扫描最近空间距离。当中心距为 4~5 m 或分离系数为 2~2.5 时,扫描间距应小于 5 m;当中心距小于 4 m 或分离系数小于2时,应进行防碰绕障作业。

防碰作业可全程采用 MWD 随钻监测,采用稳斜导向钻具组合,并应用"预放大"技术在出套管 200~300 m 可预先向背离邻井方向挑井斜 2°~3°,以增加表层井眼间距,降低井眼相碰风险,并及时作同平台井防碰图,见表 2.3。

表 2.3　某平台"预放大"防碰技术关键参数

井　号	预造斜点深 /m	预造斜方位 /(°)	造斜率 /[(°)·(30 m)$^{-1}$]	预造斜终点斜深 /m
H3-1	30	110	2.2	120
H3-2	40	130	2.6	170
H2-3	30	347	2.7	100
H2-2	30	25	3.0	70

钻进建议采用牙轮钻头,每钻进 10 m 必须测取井斜及方位,及时按最佳防碰轨迹要求调整工具面,做到井眼轨迹平滑。应坚持钻井液出口安放 1~2 块磁铁,并每 3~5 min 观察一次,观察磁铁表面是否有铁屑。防碰绕障阶段每 1 m 取一次砂样。

钻至各次中完井深及造斜点井深后大排量循环冲洗井底,按定向钻井要求调整钻井液性能,起钻前必须用多点测斜仪测得相应井段井斜数据。

同一平台相邻井的造斜点深度应相差不小于 50 m,相邻两井表层套管下深应错开 20 m 以上,以减少磁干扰。

2.1.2　水平井定向钻井技术

页岩气水平丛式井组一般为双排 6 口井布置,其中 2 口为二维水平井,其余井均为三维水平井,除增斜外还需要扭方位作业,普遍存在偏移距大、靶前距远等难题。平台横向每多打一口井,横向位移就增加 200~400 m,横向水平位移是影响轨迹设计和工程难度的重要因素。扭方位时井斜大小、方位变化大小是施工作业能否实施的关键点,因此三维水平井需要优化井眼轨迹剖面,降低施工风险。川渝地区页岩气水平井的井眼轨迹优化经历了以下三个阶段:

①为最大限度动用地下资源,减少开发盲区,采用小靶前距方案(靶前距为 250 m 左右)。这就要求增斜段在储层以上地层,往往在可钻性差的难钻地层进行增斜定向,导致部分井段造斜率波动大,难以达到预定的 8°/30 m 的造斜率,如图 2.7 所示。

②将造斜点适当上移,以应对储层垂深变化和地层造斜率不足对井眼轨迹的影响,造斜率由 8°/30 m 优化至 5°/30 m,靶前距也由 250 m 调整至 400 m。这种井眼轨迹降低了造斜率,增加了靶前距,降低了轨迹控制难度,应对储层垂深变化能力增强;同时复合钻进的比例也大幅提高至

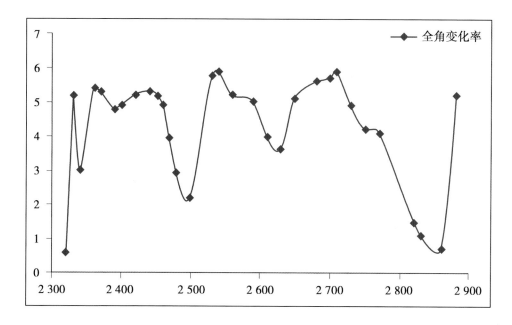

图 2.7　某三维水平井增斜定向段的全角变化率

80%~90%,提高了机械钻速,也提高了井眼质量。但还是需要在储层之上可钻性差的难钻地层进行增斜定向,储层动用率也有所下降。

③在上部直井段开始"预先造斜",将三维井眼分解为两个二维井眼,在上部即完成横向位移,理论上可以避免扭方位,能有效减小摩阻,降低井眼轨迹控制难度。初始定向时采用较低的增斜率,减缓造斜点附近井斜方位的变化,减少侧向力,同时提高复合钻的比例,为使用 PDC 钻头提速创造条件。在井斜 70°以前采用稍高的增斜率,力争在井斜 50°前完成扭方位,使横向位移达到要求,减小工程难度并利于延伸水平段钻进。

由于地层倾角不确定性较大,储层垂深提前(滞后)难判断,对设计狗腿度余量要求高。因此在井斜达到 70°以后,采用较低的造斜率,通过一段

30~50 m 的复合钻进行调整,以应对靶点的初步调整。在进入目的巷道前,采用"稳斜探顶、复合入窗"的轨迹控制方式,以井斜85°左右复合钻进探入储层,增强了应对储层变化进行垂深调整的主动性,减小着陆点附近的钻具弯曲应力,如图2.8所示。

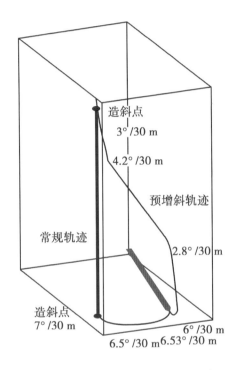

图2.8 三维水平井轨迹优化示意

以某三维水平井为例,在优化井眼轨迹前,在储层顶部开始进行增斜扭方位,在增斜段最大狗腿度为8.29°/30 m,见表2.4。

采用预先造斜方案,将三维井分解为双二维井后,最大狗腿度降至7.28°/30 m,见表2.5,井眼更加平滑,减小了摩阻。

表 2.4　某三维水平井优化前的井眼轨迹

井段名称	测深/m	井斜/(°)	网格方位/(°)	垂深/m	狗腿度/[(°)·(30 m)⁻¹]	闭合距/m	闭合方位/(°)
直井段	0~2 300	0.00		2 300.00	0.00	0.00	0.00
增斜段 1	2 300~2 602	83.34	77.74	2 506.02	8.29	183.38	77.74
增斜扭方位	2 602~2 956	90.00	355.05	2 531.09	7.00	476.69	51.00
增斜段 2 (A 点)	2 956~3 090	100.39	355.05	2 519.00	2.33	562.00	39.70
水平段 (B 点)	3 090~4 615	100.39	355.05	2 244.00	0.00	1 940.00	6.80

表 2.5　某三维水平井优化后的井眼轨迹

井段名称	测深/m	井斜/(°)	网格方位/(°)	垂深/m	狗腿度/[(°)·(30 m)^{-1}]	闭合距/m	闭合方位/(°)
直井段	0~620	0.00		620.00	0.00	0.00	0.00
预斜段	620~793	17.70	67.31	790.00	3.07	26.47	67.31
预斜段	793~1 953	17.70	67.31	1 895.00	0.00	379.12	67.31
降斜调整段	1 953~2 361	0.00	67.31	2 297.00	1.30	441.71	67.31
降斜调整段	2 361~2 384	0.00	355.00	2 320.00	0.00	441.71	67.31
增斜段	2 384~2 794	99.46	355.00	2 553.00	7.28	587.01	40.80
水平段	2 794~4 315	99.46	355.00	2 303.00	0.00	1 955.45	7.43

三维水平井井眼轨迹要求高,为了精确满足设计的井眼轨迹,需要选择精良的工具进行施工。传统的弯外壳螺杆导向组合在定向、造斜时为滑动钻进,此时易出现托压、机械钻速低、井眼清洁差的问题,还容易形成螺旋井眼,当需要调整造斜率和由于地质原因不得不调整井眼轨迹时,有时还需要起钻来调整弯外壳的角度,延长了非钻进时间,难以实现精确平滑的轨迹控制。

为了提高钻井作业效率,需要使用高造斜率的旋转导向工具,可以精确实现井眼轨迹见表2.6。旋转导向工具的旋转钻进方式有效地将钻压传递到钻头,从而消除了使用螺杆钻具滑动钻进时的托压问题。三维定向控制使井眼更平滑,降低了扭矩及摩阻,有利于降低作业风险。全过程旋转加强了钻井液和岩屑的搅动,有利于岩屑运移,缓解岩屑堆积,使井眼更清洁。在理想情况下可一次完成垂直段、定向造斜段和水平段的钻进,减少起下钻操作和滑动钻进,从而提高机械钻速,节约起下钻时间。

表2.6 弯外壳螺杆和旋转导向系统性能对比

工具类型	弯外壳螺杆	旋转导向系统
特点	滑动钻进、二维控制、效率低	旋转钻进、三维定向控制、效率高
最大造斜率	10°/30 m	15°/30 m
井眼直径/mm	130.175~914.4	149.225~463.55
工具直径/mm	107.95~285.75	120.65~209.55

续表

工具类型	弯外壳螺杆	旋转导向系统
抗温/℃	150	175
井眼质量	容易形成狗腿角	光滑
成本	较低	较高

　　旋转导向工具根据导向方式可以划分为推靠式（以贝克休斯公司 AutoTrack RCLS、斯伦贝谢公司 PowerDrive X5/X6 为代表）、指向式（以斯伦贝谢公司 PowerDrive Xceed、哈里伯顿公司 Geo-Pilot 为代表）及复合式（以斯伦贝谢公司 PowerDrive Archer 为代表）3 类，国际主流的旋转导向系统见表2.7。

表 2.7　国际主流旋转导向系统

公司名称	系统名称	导向方式	执行机构/工作方式
Baker Hughes	AutoTrak RCLS	推靠式	液压式（偏心翼肋）
	AutoTrak X-treme	推靠式	液压式（偏心翼肋）
	AutoTrak eXpress	推靠式	液压式（偏心翼肋）

续表

公司名称	系统名称	导向方式	执行机构/工作方式
Schlumberger	PowerDrive® SRD	推靠式	液压式(偏心翼肋)
	PowerDrive Xceed	指向式	机械式(偏心轴)
	PowerDrive X5/X6	推靠式	液压式(偏心翼肋)
	PowerDrive Archer	复合式	液压式(偏心翼肋)+机械式(弯曲心轴)
Halliburton Sperry-Sun	Geo-Pilot	指向式	机械式(弯曲心轴)
	EZ-Pilot	指向式	机械式(弯曲心轴)
Andergauge Drilling Systems	DART	指向式	机械式(偏心轴)
Weatherford International	Revolution	指向式	液压式(偏心翼肋)
Gyrodata Drilling Automation Ltd	Well-Guide RSS	指向式	液压式(偏心翼肋)
PathFinder Energy Services Inc	PATHMAKER	推靠式	液压式(偏心翼肋)

推靠式是根据实测工程参数与设计参数的对比,实时调整井下工具的工作指令,通过控制电路与液压系统控制钻头附近的导向套筒中的推靠块实现导向。导向套筒位于钻头附近,以固定的速率低速旋转,当需要增加井斜时,每个由钻井液驱动的可伸缩模块旋转到低边位置时就会伸出来推靠井壁;若要降低井斜时,每个模块旋转到高边位置时就会伸出来推靠井

壁。地面控制信号发出后,井下供电装置驱动模块有选择地伸出,使旋转中的钻柱向既定方向偏移,以井壁为支撑,给钻头提供侧向力,改变井斜和方位,使钻头按预定的井眼轨迹前进,如图2.9所示。

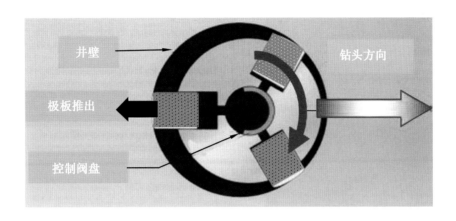

图2.9　推靠式旋转导向系统工作原理

指向式类似于弯壳体导向螺杆钻具,一般在外筒装有两个偏心环,一个嵌套于另一个内部,该偏心环总成组成了精细的计算机控制的偏心单元,两个偏心环驱动内部偏心轴为钻头驱动轴提供侧向力,同时电机与钻具转速相同但转动方向相反,保持该倾角指向恒定,以使井眼轨迹向目标方向延伸,如图2.10所示。

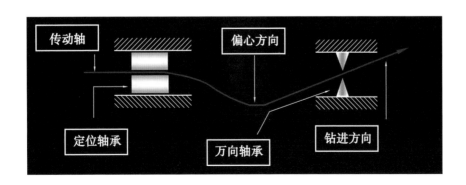

图2.10　指向式旋转导向系统工作原理

复合式可视为推靠式和指向式的结合,即依靠其工具内部的推靠系统伸向钻铤内壁(而非地层),改变钻头驱动轴与上部钻铤的倾角以达到定向效果。由钻井液控制的活塞推靠铰接式圆柱形导向套筒内部,通过一个万向联轴节将钻头指向所需的方向。同时,位于万向节上方的外部套筒扶正器刀翼一旦接触到裸眼井壁,就会为钻头提供侧向力,使得井下系统可执行与推靠式系统类似的作业,如图 2.11 所示。

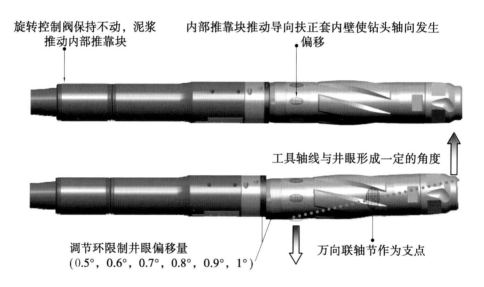

图 2.11　复合式旋转导向系统工作原理

更重要的是,移动部件都在工具内部,不会受井下恶劣条件的影响,有助于延长工具的使用寿命。

根据国内外的使用经验及效果,复合式因工作性能受地层岩性影响小并具有较高的造斜率,可视为未来旋转导向工具的发展方向,在川渝地区页岩气水平井的造斜段使用较多。

在进行定向施工前,应根据地质靶区要求和实际钻后坐标、补心高度及上部井段实钻情况对设计轨迹及措施进行合理调整。定向组合钻具入井后应控制下放速度,不得猛刹猛放,若遇阻应上提钻具、转动不同方向下放,严禁划眼和钻具悬空处理钻井液。定向钻进作业前应活动钻具消除反扭矩,保证工具面准确。定向造斜钻进期间采用无线随钻监测轨迹,测量间距不超过 30 m,根据造斜情况及时、合理调整定向参数和钻井措施,确保井眼轨迹平滑。若井下情况复杂,需要通井和划眼时,原则上采用上一趟钻具结构,如因实际情况必须改变钻具结构时,该钻具的刚性必须小于上趟钻具的刚性。定向期间应坚持短程起下钻,定期稠塞清扫、加大排量以携带岩屑。

2.1.3　水平井长水平段钻井技术

页岩气水平井钻井最终的目的是高效动用储层,考虑到技术、经济可承受范围,川渝地区各个页岩气区块的水平段一般为 1 200~1 600 m。长水平段钻井的核心目标是保证井眼在储层巷道内的有效穿行,为了达到这个目标,需要从轨迹控制和减小井下摩阻扭矩、保障水平段有效延伸两方面入手。

水平井的轨迹控制和定向段类似,也有弯外壳螺杆钻具+MWD 和旋转导向两种工具。对于构造变化较大、上倾角较大、有断距大于 3 m 微断层的地层,地层剖面如图 2.12 所示,使用旋转导向工具可以钻出更加平滑的水平段,提高井眼在储层中的有效长度。

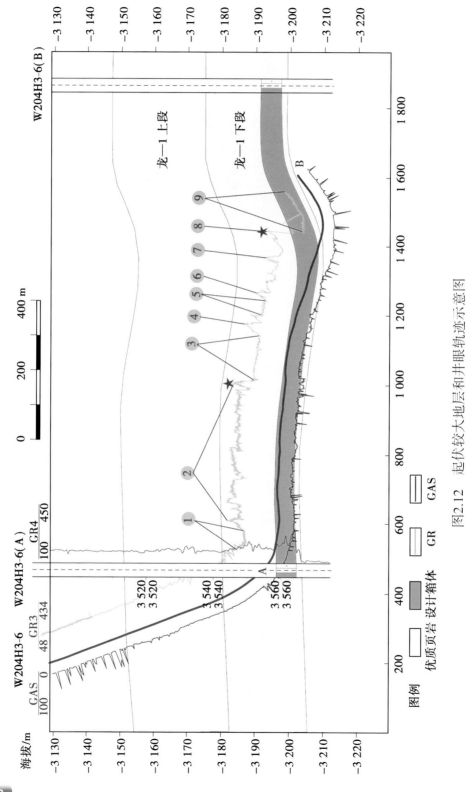

图2.12 起伏较大地层和井眼轨迹示意图

旋转导向工具配合 LWD 和 MWD,如图 2.13 所示,建立工程与地质相结合的导向模式,可以准确跟踪储层,及时、快速优化井眼轨迹,极大地提高储层钻遇率。

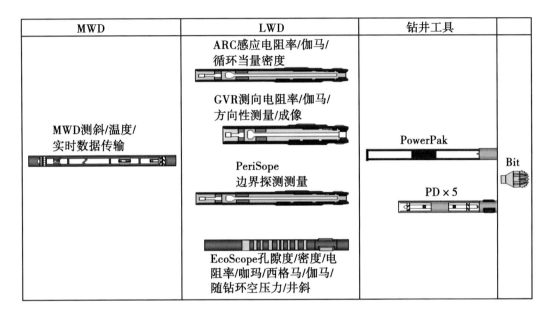

MWD	LWD	钻井工具	
MWD测斜/温度/实时数据传输	ARC感应电阻率/伽马/循环当量密度 GVR测向电阻率/伽马/方向性测量/成像 PeriSope 边界探测测量 EcoScope孔隙度/密度/电阻率/咖玛/西格马/伽马/随钻环空压力/井斜	PowerPak PD×5	Bit

图 2.13　旋转导向工具配合 LWD、MWD 示意图

对于构造起伏较小、均质性较好的地层,井眼轨迹以稳斜为主,调整需求小,使用弯外壳螺杆钻具+MWD 进行轨迹控制,能够有效降低钻井成本。使用螺杆钻具进行钻进时,有滑动钻进和旋转钻进两种模式,对这两种工况进行力学分析。以某区块水平段 215.9 mm 井眼为例,裸眼摩擦系数为 0.3,套管摩擦系数为 0.2,钻井液密度为 2.20 g/cm^3,滑动钻进钻压为 60 kN,旋转钻进钻压为 80 kN。计算结果见表 2.8,受力分布如图 2.14—图 2.17 所示。

表 2.8　水平段钻具组合力学分析

工况名称	最大轴向载荷/kN	最大侧向力/(N·m⁻¹)	最大扭矩/(kN·m)	屈曲状态
滑动钻进	481.02	872.60	12	正旋屈曲
旋转钻进	731.84	402.19	23.92	未屈曲
起钻	974.79	1 034.36	0	未屈曲

从力学分析结果可以看出,在滑动状态下部分井段钻具可能发生正弦屈曲,增加了钻具与井壁的接触力,使摩阻、扭矩增大。屈曲越严重,钻具与井壁的压力越大,摩阻、扭矩的急剧增大使钻头不能获得有效钻压,钻具产生托压,导致螺杆的工具面不稳定。一旦工具面不稳定就需要上提活动钻具重新摆工具面,而在托压环境中摆工具面需要花费大量时间,严重时需要 30~60 min。托压会降低机械钻速,延长滑动钻进时间,工具面不稳定不但耽误时间、降低效率,还增加了滑动钻进的频率。同时托压还会导致频繁的憋泵、憋马达,降低螺杆和钻头的使用时间和效率。

针对滑动钻进摩阻大、钻具托压的问题,可以采用水力振荡器将液压能转化为机械能,改变钻进过程中仅靠下部钻具的重力给钻头施加钻压的方式,使钻头或下部钻具与钻柱中的其他部分的连接变为柔性连接,从而降低摩阻影响,提高滑动钻进的机械钻速。其原理是利用钻井液的液能驱动工具振动,同时带动井下钻柱沿轴向高频率、小振幅振动,将钻柱与井壁之间的静摩擦力转变为动摩擦力,从而减小井下摩阻。水力振荡器一般包括振动短接、动力部分、阀门总成 3 部分,如图 2.18 所示。

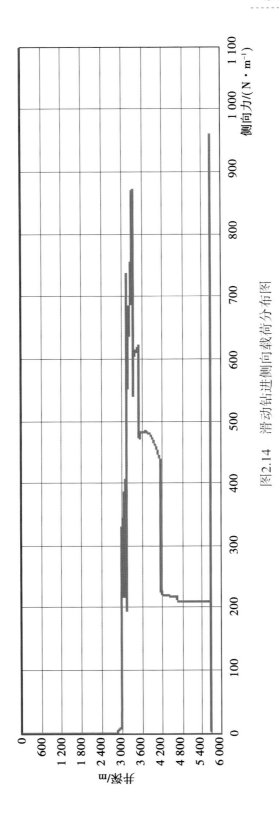

图2.14 滑动钻进侧向载荷分布图

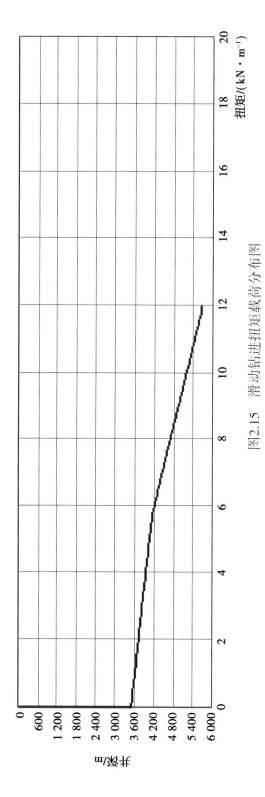

图2.15 滑动钻进扭矩载荷分布图

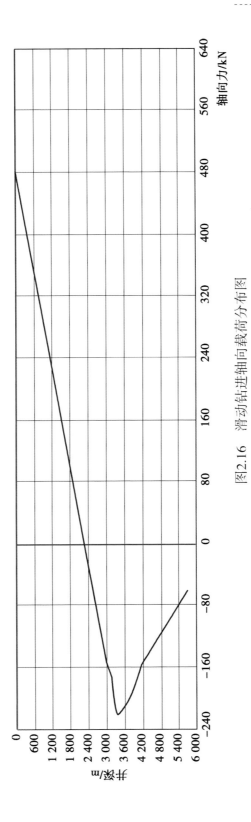

图2.16　滑动钻进轴向载荷分布图

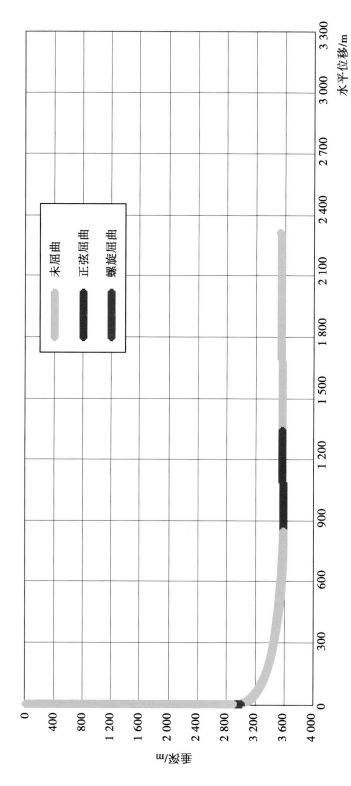

图2.17　滑动钻进钻柱屈曲状态分布图

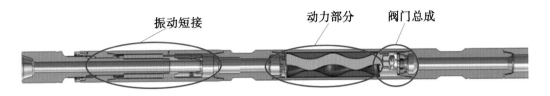

图 2.18 水力振荡器结构示意图

　　动力部分是一个 1∶2 的螺杆马达,脉冲系统是由动力部分驱动的一系列的阀组,振荡系统是一个碟簧驱动的振动工具。工具的脉冲系统包含一个振荡阀组和一个固定阀组,振荡阀组连接在螺杆马达转子的下端,固定阀组固定在接头的端部。由于螺杆马达为 1∶2 的定转子比,振荡阀组作近线性的前后扫动,振荡阀组在固定盘上方扫动的过程中会周期性地对流道产生限制,引起过流面积发生变化,从而产生压力脉冲,其工作原理如图 2.19 所示。

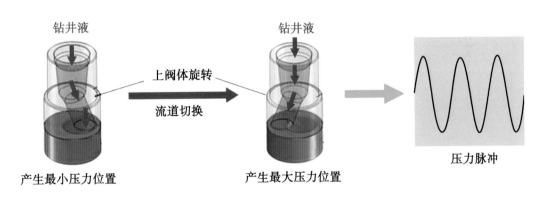

图 2.19 压力脉冲产生原理

　　振荡系统有一个对外密封的心轴,密封心轴外围轴向安装弹簧,心轴在压力脉冲作用下,上下运动压缩弹簧,从而带动工具产生轴向振动。通常将水力振荡器连接在螺杆之上,将钻井液的能量转化为高速旋转的机械能,再通过压力控制系统,把机械能转化为压力脉冲带动钻具振动,将钻具与井壁之间的静摩擦转变为动摩擦,从而减小托压,主要技术参数见表2.9。

表 2.9 水力振荡器主要技术参数

工具外径 /mm	推荐排量 /(L·s⁻¹)	温度/ ℃	工作频率 /Hz	工作压差 /MPa	最大负载 /kg
85.7	4.5~7.0	150	26	3.1~4.8	83 636
95.2	4.5~7.0	150	26	3.4~4.8	113 636
120.6	7.5~13.5	150	18~19	3.8~4.5	160 909
171.4	20.0~30.0	150	16~17	4.1~4.8	315 000
203.2	25.0~50.0	150	16	4.1~4.8	450 000
244.5	30.0~55.0	150	12~13	3.4~4.8	572 727

水力振荡器工作的振动频率为 15~20 Hz,振幅为 3.18~9.53 mm,钻具的滑移摩阻可以减小 75%~80%,只需施加常规钻进 60%左右的钻压便可获得与不带该工具时相当的机械钻速。

2.1.4 页岩气水平井配套钻井技术

和北美页岩气区块相比,川渝地区页岩气储层埋深更深,纵向剖面上压力系统复杂,如图 2.20 所示,浅层最低为地层静水压力,中间地层高低压力共存,储层最高则为地层静水压力的 2 倍。

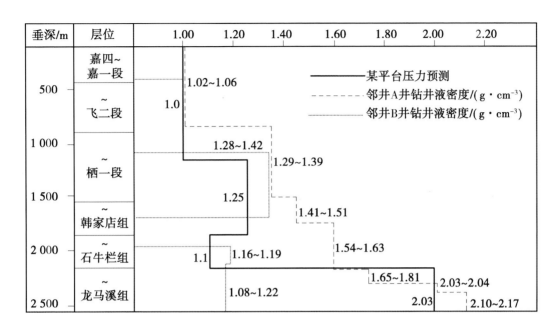

图 2.20　川渝地区典型页岩气水平井压力曲线

川渝地区页岩气区块受构造运动影响大,地质条件复杂见表 2.10,地表以喀斯特山地为主,溶洞发育地层破碎,浅层漏失严重。

表 2.10　川渝地区页岩与美国页岩成藏条件对比

地区	时代	沉积相	埋深/m	保存条件	地表
美国	D、C	深水陆棚	1 000～3 500	构造稳定地层平缓	平坦
中国	∈,S	深水陆棚	1 500～4 000	多期构造影响非常破碎	山地

地层层系老且岩性软硬交错,存在井漏、垮塌、可钻性差等多种复杂情况与难点。二叠系的茅口组、栖霞组裂缝发育,地层压力低,容易发生井漏

甚至失返,堵漏难度高耗时长;浅层的须家河组、深层的龙潭组和龙马溪组泥页岩发育,容易产生掉块,如图 2.21 所示;茅口组、栖霞组灰岩坚硬、部分含黄铁矿和燧石结核,韩家店组、石牛栏组的灰岩研磨性强,钻头进尺少、机械钻速慢、钻井周期长,见表 2.11。

(a)　　　　　　　　　　(b)

图 2.21　龙马溪组页岩掉块

表 2.11　某区块韩家店组—石牛栏组钻井数据统计

序号	井段/m	段长/m	周期/d	机械钻速/(m·h^{-1})	PDC钻头数	单只钻头进尺/m
1	1 570~2 560	990	22	2.85	5	198
2	1 565~2 437	872	24	2.7	7	125
3	1 564~2 326	762	19	3.4	3	254
4	1 453~2 205	752	17	3.5	4	188

续表

序号	井段/m	段长/m	周期/d	机械钻速/(m·h⁻¹)	PDC钻头数	单只钻头进尺/m
5	1 444~2 118	674	18	3	5	135
6	1 440~2 065	625	12	4.5	3	208.33
7	1 464~2 203	739	17	2.8	4	184.75
平均			18	3.1	4.5	172

页岩气水平井存在以上诸多难点,要实现优快钻井除了上述的丛式井防碰绕障技术、定向钻井技术和长水平段钻井技术外,还有一系列配套技术,下面逐一介绍。

(1)井身结构优化

川渝地区从2007年开始开展页岩气地质综合评价,2010年国内第一口页岩气直井威201井钻探成功并压裂获气,经历国内第一口页岩气水平井威201-H1井获气、第一口具有商业价值页岩气水平井宁201-H1井获得高产和焦页1HF获得高产,到建立"威远-长宁国家级页岩气示范区"和"涪陵国家级页岩气示范区",川渝地区页岩气钻井经历了从直井到水平井的多个阶段,其井身结构也随着对地层认识加深和技术发展而不断调整优化,积累了大量的宝贵经验。

下面介绍具有代表性的某区块井身结构优化经验。最早采用常规的四开四完井身结构,如图2.22所示,一开钻导眼,二开钻表层封隔上部疏松易漏层,三开套管下至志留系顶,四开钻完水平段。这套井身结构的缺点是套管层次多,钻井速度慢、成本高;斜井段、水平段在同一裸眼段,井下垮塌严重、复杂事故多。

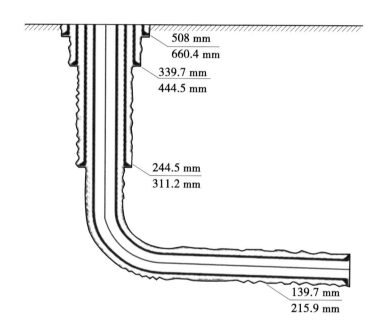

图 2.22　某区块四开四完井身结构

之后采用三开三完的非标井身结构,如图2.23所示。这套非标井身结构缩小了井眼尺寸,减少了破岩体积和套管用量;二开套管下至扭方位结束时的井深,目的是平衡造斜段和水平段的钻井难度,但志留系井段地层研磨性强,定向钻井机械钻速低,扭方位定向耗时费力;三开为储层专层专打,可以降低钻井风险,提高井壁稳定能力,但采用127 mm套管导致后期压裂施工排量大、压力高,套管损坏严重。

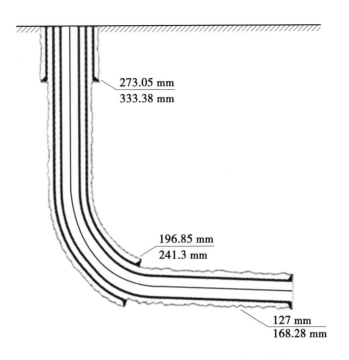

273.05 mm
333.38 mm

196.85 mm
241.3 mm

127 mm
168.28 mm

图 2.23　某区块三开三完非标井身结构

随后在三开三完非标井身结构基础上继续优化,如图 2.24 所示。随着

钻井液技术的进步,解决了龙马溪井壁垮塌难题,二开套管改为下至志留

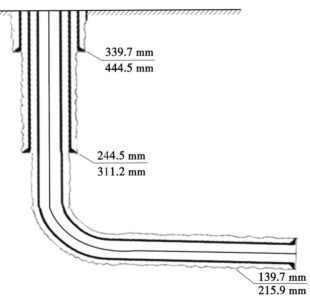

339.7 mm
444.5 mm

244.5 mm
311.2 mm

139.7 mm
215.9 mm

图 2.24　某区块三开三完井身结构

系顶,采用气体钻进攻克高研磨性地层;三开采用 139.7 mm 高强度套管,确保压裂顺利施工。

(2)个性化钻头优选

川渝地区页岩气区块从中生界的侏罗系地层开始,到下古生界奥陶系为止,最多钻遇 20 组地层,地质年代跨度大,地层岩性和力学性质变化大,见表 2.12,存在多个难钻地层。

表 2.12 川渝地区页岩气区块钻遇地层简表

界	系	统	组	主要岩性
中生界	侏罗系	中统	沙溪庙	紫红,有时有灰绿色的泥岩,夹灰黄、黄绿色中细粒长石石英砂岩、岩屑长石石英砂岩
		下统	凉高山	紫红及黄绿、深灰色泥页岩夹薄层粉、细砂岩,生物碎屑灰岩或泥灰岩
			大安寨—马鞍山	
			东岳庙	
			珍珠冲	
	三叠系	上统	须家河	细-中粒石英砂岩及黑灰色页岩不等厚互层夹薄煤层
		中统	雷口坡	深灰、褐灰色泥-粉晶云岩及灰质云岩,灰、深灰、浅灰色粉晶灰岩,云质泥岩,夹薄层灰白色石膏
		下统	嘉陵江	泥-粉晶云岩及泥-粉晶灰岩、石膏层,夹紫红色泥岩、灰绿色灰质泥岩
			飞仙关	紫红色泥岩,灰紫色灰质粉砂岩、泥质粉砂岩及薄层浅褐灰色粉晶灰岩,底部泥质灰岩夹页岩及泥岩

续表

界	系	统	组	主要岩性
上古生界	二叠系	上统	长兴	灰色含泥质灰岩及浅灰色灰岩,中下部为黑灰色、深褐灰色灰岩、泥质灰岩夹页岩
			龙潭	上部为灰黑色页岩、黑色碳质页岩夹深灰褐色凝灰质砂岩及煤;中部为深灰、灰色泥岩夹深灰褐、灰褐色凝灰质砂岩;下部为灰黑色页岩、碳质页岩夹黑色煤及灰褐色凝灰质砂岩;底为灰色泥岩(含黄铁矿)
		下统	峨眉山玄武岩	玄武岩
			茅口组	为浅海碳酸盐岩沉积,褐灰、深灰、灰色生物灰岩
			栖霞组	浅灰色及深褐灰色石灰岩、深灰色石灰岩含燧石
			梁山组	灰黑色页岩
下古生界	志留系	中统	韩家店	灰色、绿灰泥岩、灰质泥岩夹泥质粉砂岩及褐灰色灰岩
		下统	石牛栏	顶部为灰色灰质粉砂岩;上部为深灰色灰质页岩、页岩及灰色灰质泥岩夹灰色灰岩、泥质灰岩;中部为灰色灰岩;下部为灰色泥质灰岩
			龙马溪	上部为灰色、深灰色页岩,下部灰黑色、深灰色页岩互层,底部见深灰褐色生物灰岩
	奥陶系	上统	五峰组	泥岩、白云质页岩、泥灰岩
		中统	宝塔组	上部为深灰色灰岩、生物灰岩

茅口-栖霞组含黄铁矿、燧石结核,软硬交错严重,可钻性差。钻头容易出现磨坏、崩齿,甚至本体肩部崩碎等严重损坏现象,如图 2.25 所示。

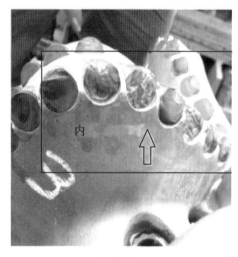

(a)肩部损坏　　　　　　　　　　　　(b)局部情况

图 2.25　茅口组钻头崩齿

峨眉山玄武岩井段石英含量高,研磨性强,软硬交错频繁,常规 PDC 钻头不适用于该地层,牙轮钻头机械钻速低;蹩跳钻现象严重,钻具易疲劳折断,钻头易早期损坏。该段地层最低机械钻速仅为 0.92 m/h。

韩家店-石牛栏组为粉砂岩、灰岩夹层,井段长且软硬交错严重,研磨性强、可钻性差,PDC 钻头和牙轮钻头的机械钻速均较低,钻井周期长。某井该段平均机械钻速仅为 1.86 m/h,单只钻头平均进尺仅为 178 m。

钻头选型思路以 PDC 钻头为主,牙轮钻头为备用。针对几个难钻地层,开展个性化钻头选型见表 2.13,开展进口钻头和国产钻头的平行试验,优选出性价比高的钻头,节约钻井投资。总体要求是选择高攻击性的 PDC 钻头,提高切削能力;增加复合片的金刚石含量,提高钻头耐冲击及耐磨性能;增加水眼数量,强化水力破岩作用,提高清洗能力;定向段选用双排齿钻头,工具面稳定。

表2.13 主要难钻地层钻头选型推荐

层　位	岩　性	钻头选型
嘉五—嘉二	云岩、灰岩	FX56S　T1655B
嘉二—长兴	白云岩、灰岩、石膏	MM55DH　MDSIZ616
龙潭—梁山组	灰岩、泥岩、含燧石、黄铁矿	MM65DH　MDSIZ519
韩家店—石牛栏	粉砂岩、页岩夹灰岩	HJT517GK　KQC
石牛栏—龙马溪	粉砂岩、页岩	MDSI516　MDSI616
龙马溪	页岩	MDSI616　MM55D

(3)气体钻井技术

针对表层恶性井漏地层,采用气体钻井技术治漏、提速,已成为喀斯特地貌治漏的标准模式。以某区块为例,单井平均漏失量从 2 242 m^3 降为了 0 m^3,机械钻速明显提高,非生产时间大幅减少,达到了良好的提速、治漏效果,见表2.14。

表2.14　某区块表层气体钻井指标

介　　质	井段/m	进尺/m	机械钻速/(m·h⁻¹)	周期/d	行程钻速/(m·d⁻¹)
空气+雾化液	0~340.00	340.00	6.74	2.19	98.26
	0~363.00	363.00	10.32	3.30	142.35
	0~338.00	338.00	11.52	2.39	142.03
	0~374.00	374.00	6.99	2.38	107.78
	0~353.00	353.00	8.36	3.22	134.22
	0~339.00	339.00	8.37	2.17	164.56
	202.48~545.00	342.52	5.89	2.79	122.77
	175.97~671.20	495.23	11.01	3.14	157.22
	203.50~662.60	459.10	10.43	3.90	117.72
	185.40~458.00	272.60	5.02	3.17	85.99
	80.00~640.00	560.00	3.81	7.50	74.67
	80.00~640.00	560.00	4.22	7.00	80.00
	57.00~640.00	583.00	4.56	7.88	73.98
	80.00~640.00	560.00	9.87	6.83	81.99

　　韩家店-石牛栏组地层岩性为灰岩、粉砂岩,地层抗压强度高,研磨性强,但同时岩石压实性、胶结性均较好,井径扩大率一般为2%~5%,地层稳定性强。在井身结构优化后,韩家店-石牛栏高研磨地层为215.9 mm井眼直井段,相对较小的井眼和直井为开展气体钻井提速提供了充分的井眼条

件。在上述地层采用气体钻井技术,配合优选的 PDC 钻头或空气锤,机械钻速明显提高。在某区块采用钻井液平均机械钻速为 3.1 m/h,改为气体后平均机械钻速为 7.311 m/h,同比提高 2 倍以上。采用钻井液平均钻井周期为 18 天,改为气体后平均钻井周期为 4.5 天,节约钻井周期 10 天以上,提速效果明显。

(4)钻具组合优化

在使用旋转导向钻具时,根据各类旋转导向工具组合在页岩气地层的造斜规律和特性,按照轨迹控制要求,形成了分段优化的旋转导向钻具组合,如图 2.26 所示。对于造斜扭方位井段,旋转导向钻具组合为 PDC 钻头+高造斜率旋转导向(推荐复合式,如斯伦贝谢 Archer)+ MWD;对于水平段,钻具组合为 PDC 钻头+高造斜率旋转导向(附加动力旋转导向或常规旋转导向)+ MWD。当地面设备满足高泵压要求时全部采用附加动力旋转导向组合(如斯伦贝谢 PowerDrive+Vortex),不满足高泵压要求时第一趟采用 MWD+螺杆,后续采用常规旋转导向组合(如斯伦贝谢 PowerDrive

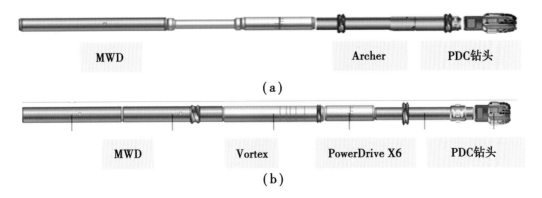

图 2.26　造斜扭方位推荐钻具组合(a)和水平段推荐钻具组合(b)

X6)完成。

使用马达钻具组合时,在钻柱力学分析的基础上,增斜段推荐用加重钻杆替代钻铤,钻杆、接头水眼不小于 62 mm,将螺杆长度由 7.1 m 改为 5.8 m,降低压耗,增大排量。长水平段简化钻具组合至减少或不使用加重钻杆,用大水眼钻杆代替加重钻杆,同时由 1.25° 带尾扶钻具组合优化为 1.25° 无扶弯螺杆钻具组合,如图 2.27 所示。改进组合前排量为 23~24 L/s 时,泵压为 24~25 MPa,改进组合后排量为 25 L/s 时,泵压为 24 MPa。井眼摩阻、循环压耗明显降低,尽可能提高复合钻比例,轨迹控制质量与效率获得较大提升,实现水平段快速钻进。在使用油基钻井液时,选择使用优质耐油螺杆,保证螺杆有效使用时间,提高钻井效率。

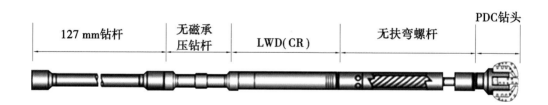

图 2.27　水平段简化后的钻具组合

通过不断优化技术方案,实现上述技术的集成,形成适合于川渝地区的丛式水平井快速钻井技术模式:表层采用 PDC 钻头+螺杆+无固相/充气钻井液防漏打快;直井段采用 PDC 钻头+螺杆+MWD 防碰打快;下部难钻地层采用气体钻井提速;造斜段采用旋转导向提速;水平段采用 PDC 钻头+旋转导向/耐油高温螺杆+水力振荡器+油/水基钻井液防塌打快,提速技术模式的使用促进了川渝地区页岩气钻井整体速度的提高。

2.2 页岩气水平井钻井液技术

页岩气水平井出于压裂的需要,其水平段方向一般垂直于最大水平主应力方向或平行于最小水平主应力方向。当长水平段井眼沿垂直于最大主应力方向钻进时,这种方向的轨道设计从岩石力学机理上增大了井壁失稳的风险。同时钻进时在井底压差、钻井液与地层流体活度差等作用下,钻井液进入储层裂缝,钻井液与页岩相互作用改变了井壁围岩的孔隙压力和岩石强度,导致地层强度和应力状态发生变化,诱发页岩微裂缝扩展延伸,又进一步削弱了井壁的稳定性。

川渝地区页岩储层的矿物成分中石英、长石及碳酸盐岩等脆性矿物含量一般超过50%,表现出较好的脆性;黏土矿物以伊利石、伊/蒙混层为主(二者含量普遍大于60%),高岭石及绿泥石较少,而易吸水膨胀的蒙脱石较少,总体上属于硬脆性泥页岩。当钻井液滤液进入层理裂缝,页岩与孔隙中液体发生相互作用,页岩内黏土矿物遇水膨胀,使得黏土层之间的膨胀应力与水化应力大小发生改变,导致页岩层部分被拉伸破裂。滤液缓慢渗入页岩地层中降低了原本用以支撑的钻井液液柱压力,再加上水化应力的作用增强了孔隙压力,减少了页岩之间的黏结力。但受伊/蒙混层矿物水敏性的影响,具有一定水化分散性,在遇到钻井液滤液时力学平衡将被打破。

同时受地质作用及成岩的影响,川渝地区页岩地层具有显著的层理裂缝特征和力学各向异性,在不同方向上具有地层强度差异明显的特征,在单轴和三轴应力实验条件下,垂直于层理面和平行于层理面的强度最大且近似相等。当岩芯的轴向应力与层理面法线夹角为35°~80°时,单轴和三轴抗压强度开始降低,在大约60°时出现最小值,为最大强度的1/6~1/5,如图2.28所示。

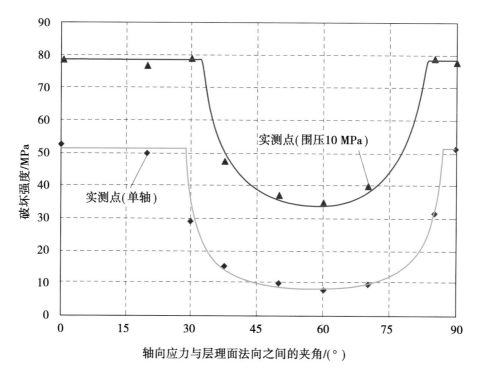

图2.28　页岩地层抗压强度随岩心轴线与层理面法线夹角的变化

长水平井段滑动钻进时,钻具与井壁摩擦阻力大,必须要求钻井液具有良好的润滑性,以起到降阻减摩的作用。在水平段中,由于页岩的坍塌和岩屑重力效应,井眼清洁效率降低;长水平段泵压高,排量受限,更易形成岩屑床,进一步增加井下摩阻,钻井液流变性和携岩清砂能力显得更加重要。

基于以上种种难点,长水平段钻进时钻井液性能的好坏将直接影响钻井效率,为了解决这些难题,发展出了油基钻井液和水基钻井液,从两个方向解决井下难题。

2.2.1 油基钻井液技术

油基钻井液是一类完全以非(弱)极性油品作为连续相的钻井液体系,其液体颗粒是以乳状液形式存在,乳化后的水表面有一层膜,极大降低了水相聚集和合并的机会,钻井液体系变得稳定;受润湿性影响,油基钻井液几乎不与水敏性地层矿物发生作用,因此具有抑制性强、润滑性好、抗污染能力强等特点。在北美页岩油气开发中,油基钻井液占 60% ~ 70%。在川渝地区的页岩气勘探初期,曾经在个别井的定向段和水平段试验过水基钻井液,但都出现了严重的井壁失稳问题,甚至导致填井侧钻的严重复杂情况。在此之后页岩气水平井的水平段基本采用油基钻井液,到目前为止,有部分井开始探索水平段使用水基钻井液,取得了一定成功。但水基钻井液一旦引发严重的井下复杂情况时,又会重新转换体系使用油基钻井液。因此,油基钻井液仍是页岩气长水平段顺利完成的重要保障。

油基钻井液具有以下优点:可以提高水湿性页岩的毛细管压力,防止钻井液对页岩的侵入,抑制能力强,有助于提高井壁稳定性;润滑性好,滑动钻进不易托压;抗温能力强,热稳定性好,在高温、高压条件下滤失量仍可以得到有效控制;抗盐、膏、固相以及 CO_2、H_2S 污染能力强,钻井液维护处理工作量小;有利于保护储层等。因此油基钻井液在用于页岩气水平井钻井时,在井壁稳定、润滑、防卡等方面具有绝对优势。

川渝地区页岩气水平井使用的油基钻井液一般为油包水钻井液体系,主要成分包括基油、有机土、乳化剂、降滤失剂、润湿剂、封堵剂、提切剂、石灰、重晶石等。

①基油主要有柴油和白油两种,两种油性能对比见表2.15。与柴油相比,白油闪点高,芳香烃含量低,有利于安全环保,虽然白油价格较高,但仍推荐使用白油。

表2.15 柴油和白油性能对比

指 标	柴 油	白 油	备 注
黏度(40 ℃)/(mm² · s⁻¹)	3.4	3.86	对钻井液性能影响不大
闪点/℃	65	126	高闪点减少钻进中火灾隐患
凝固点/℃	−5	−6	低凝固点具有更好操作性能和冷流特性
芳香烃含量/%	25 ~ 50	2	低毒性芳香烃含量降低了毒性
苯胺点/℃	59	85	高苯胺点有助于健康
含硫量/(1×10⁻⁶)	1 000 ~ 2 000	30	含硫量越低越好,减少燃烧产生 SO_x

在一定含水量范围内,随着含水量增加,乳化液中水珠距离变小,相互聚集的概率提高,钻井液的黏度、切力逐渐增大,流变性变差,体系稳定性降低,见表2.16。

表 2.16　不同油水比的钻井液主要性能指标

油水比	试验条件	表观黏度/(mPa·s)	塑性黏度/(mPa·s)	屈服值/Pa	$Q_终/Q_初$/Pa	破乳电压/V
90:10	常温	39	29	10	0.82	981
	150 ℃/16 h	40.5	29	11.5	0.83	1 118
80:20	常温	60	36	24	0.77	975
	150 ℃/16 h	55	35	20	0.78	930
70:30	常温	94	57	37	0.81	1 097
	150 ℃/16 h	67	43	24	0.88	695
60:40	常温	103	62	41	0.87	850
	150 ℃/16 h	142.5	93	49.5	0.85	395

为了达到合适的性能参数,需要调整适当的油水比。当油水比大于70:30,油基钻井液仍具有较好的流变性和稳定性;但当油水比为60:40时,流变性恶化,稳定性降低。一般情况下油水比为70:30~90:10,但降低油水比可以有效降低成本,目前川渝地区已经有密度低于 2.00 g/cm³ 时的油水比最低为 60:40 油基钻井液的成功经验。

②有机土是油基钻井液中控制流变性和滤失量的主要添加剂,随有机土含量增加,表观黏度(AV)和塑性黏度(PV)逐渐增加,而高温高压滤失量逐渐降低,见表 2.17,从流变性能以及成本上考虑,有机土加量一般为2%。在条件允许的情况下,采用亲油有机土,能在柴油和白油中取得更好

的分散性能和增黏效果。

表 2.17　有机土含量对油基钻井液性能影响

含量/%	表观黏度/(mPa·s)	塑性黏度/(mPa·s)	动塑比	HTHP 滤失量/mL
1	95	84	11	15
2	113	103	10	9
3	125	116	9	8
4	142	133	9	6

　　川渝地区页岩气储层埋藏较深,地层压力高,井底温度高,高密度下有土相的油基钻井液流变性难以控制,常出现钻井液稠化现象。而无土相体系中由于不含有机土,固相颗粒含量低,在层流情况下,固相颗粒之间、固相颗粒与液相之间的摩擦作用小,流型指数较大,稠度系数较低,在低剪切应力下即可很好地流动,可破坏已形成的空间结构,有效解决了高密度有土相钻井液因结构强度太大而造成蹩泵、开泵泵压过高、当量循环密度过大诱发的井漏等问题。但无土相油基钻井液由于失去有机土的协同作用电稳定性差,热滚后破乳电压很低,油水极易分层,导致高密度材料沉淀,这是无土相油基钻井液最大的问题。无土相油基钻井液一直被国外公司垄断,目前已研发出国产无土相油基钻井液,在川渝多个页岩气区块已得到成功应用,打破了国外公司对高端油基钻井液的垄断。

　　③乳化剂是油基钻井液的核心处理剂,常用的乳化剂以脂肪酸、脂肪酸皂和烷基苯磺酸皂等表面活性剂为主,其分子内通常含亲水基团和亲油

基团,亲油基团分布于油相中,亲水基团带有负电荷与水相中的钙离子作用,锚定于油水界面形成具有一定强度的吸附膜,降低了油水界面张力,增加了外相黏度,达到阻止分散相液滴聚集变大,使乳液保持稳定的目的,对油基钻井液的流变性、性能稳定起着重要作用。前文所提到的低油水比油基钻井液、无土相油基钻井液都需要性能强大的乳化剂作支撑才能研制成功。一般来说,乳化剂为3%～6%的加量,钻井液的流变性无大的变化,但整个油包水体系显示均为稳定球型乳液粒子,破乳电压随乳化剂的增加而增加,钻井液更加稳定,见表2.18。

表2.18　乳化剂含量对油基钻井液性能影响

含量/%	表观黏度/(mPa·s)	塑性黏度/(mPa·s)	动塑比	HTHP 滤失量/mL	破乳电压/V
3	103	93	10	11	1 460
4	112	103	9	9	1 520
5	113	103	10	9	1 650
6	115	107	8	9	1 680

除了常用的乳化剂外,目前在川渝地区也有纳米材料充当乳化剂的应用,纳米材料在油基钻井液中分散后,乳液液滴之间界面清晰,乳液直径小,能够有效增强油水界面的膜强度,使乳液液滴分散得更加均匀,不仅能有效提高油基钻井液的乳化稳定性,还能利用其较大的比表面积,适当提高钻井液的塑性黏度与静切力。

④降滤失剂能够附着在黏土颗粒表面阻止其絮凝,也可以将高速搅拌

分散的黏土颗粒稳定下来,还会使黏度略微增加,钻井液中黏土颗粒分布适中,降低滤失量。

⑤润湿剂在其分子两端分别为亲水基团和亲油基团,当遇重晶石和岩屑等亲水固体时,亲水基团附着在固体表面使亲油基团朝外亲近油相,使亲水固体转变为亲油固体,保证固相能很好悬浮在钻井液中,维持其稳定性。

⑥封堵剂能够封堵地层层理和微裂缝,阻止钻井液及滤液沿着裂缝侵入地层,优化滤饼质量,降低井漏和井壁失稳的风险。

⑦提切剂能够在尽量不改变塑性黏度的同时,提升钻井液体系的动切力并最大程度提高初切和终切,改善携砂能力和颗粒悬浮能力,减轻岩屑床和循环压耗大等问题。

在使用油基钻井液时有两个关键事项:加料顺序和混合搅拌强度。一般配置加料顺序如下:白油、降失水剂、生石灰、主乳化剂、辅乳化剂、有机土、氯化钙盐水,典型油基钻井液配方(如白油+20%氯化钙溶液+3.5%大分子乳化剂+2%生石灰+2%有机土+2%降滤失剂+0.3%流变性调节剂+3%封堵剂)。如配置 40 m³ 油基钻井液,建议用排量为 250 m³/h 的离心泵循环 6 h,循环时加入各种处理剂,加料速度适当控制,以达到最大的溶解和吸附量。

川渝地区页岩气水平井经过多年室内评价和现场试验,在乳化剂、有机土、降滤失剂、封堵剂等方面开展了相关的技术攻关,取得了突出的进展,在现场取得了良好的应用效果,部分油基钻井液达到了国外先进水平,见表2.19。

表 2.19 国内某油基钻井液和国外先进油基钻井液性能对比

类 别	密度 /(g · cm⁻³)	破乳电压 /V	塑性黏度 /(mPa · s)	动切力 /Pa	静切力 /Pa	动塑比	HTHP 滤失量/mL
国外油基	1.40	650	30	9.0	4/7	0.30	2.8
国内油基	1.40	1 235	29	12.5	5/7	0.44	2.4
国外油基	1.70	720	56	13.5	9/18	0.24	2.6
国内油基	1.70	1 051	39	12.5	5/8	0.32	2.6

尽管油基钻井液有很多优点,在使用中也积累了大量经验,取得了重大技术进步,但缺点也很明显。最大的问题是不环保,油基钻井液及其所产生的油基岩屑属于危险化学品,对环境是极大的隐患;同时油基钻井液的成本较高,后勤保障工作量大。在国家大力推进环境保护的要求下,作为油基钻井液替代品的水基钻井液走进了页岩气水平井的视野。

2.2.2 水基钻井液技术

虽然在页岩气水平井钻井中首选具有强抑制性、封堵性和良好润滑性的油基钻井液,来应对长水平段的井壁失稳和高摩阻问题,但近年来受制于越来越严格的环保法规要求(尤其是国内新环保法颁布执行)以及不断降低钻井成本的压力,国内外的页岩气开发一直试图研发类似于油基钻井液性能的水基钻井液,以便环保地开发页岩气。

水基钻井液与油基钻井液相比,成本较低,更安全环保,流变性受温度的影响较小,对钻井设备适应性较强,井漏时易于处理。缺点是井壁稳定性较差,高温下易凝胶化,润滑性较差,抑制性与封堵能力不稳定,因此为了达到油基钻井液的效果,水基钻井液的关键是要提高抑制性(抑制页岩水化膨胀)、封堵性(阻止水分进入微裂缝)、润滑性和高温高密度下的流变性。

提高抑制性的思路是要阻止或减缓水分子进入黏土颗粒的速度和程度,减少接触面积达到抑制作用。页岩抑制剂主要有封堵型和阻碍型两种。封堵型抑制剂一般为大分子水溶性处理剂,如氨基分子、硅酸盐、聚合醇、铝络合物等,能够堵塞地层微裂缝,快速降低钻井液的水相向地层的迁移速度,与此同时地层渗透性的降低,会大大提高井壁半透膜的形成效率,最终缩小地层和钻井液中水相之间的化学势。阻碍型抑制剂包括滤液增黏型抑制剂(甘油或甲基葡萄糖)和滤液活度降低型抑制剂(KCl 和 $NaCl$),能够减弱钻井液中水相向地层的迁移速度,压缩黏土颗粒表面双电层,中和表面负电荷来降低黏土颗粒间的电斥力。

提高封堵性的思路是要通过惰性固体颗粒在页岩微裂缝处形成致密阻隔屏障,阻止水的进入和因此而来的压力传导。一般通过加入人工刚性颗粒来降低或完全阻止滤失行为,要求刚性颗粒在压力、温度作用下具有变形、变软的能力。主要的封堵剂有沥青类封堵剂(磺化沥青、氧化沥青、乳化沥青),石蜡类封堵剂(乳化石蜡),聚合醇类封堵剂,铝盐类封堵剂,硅酸盐类封堵剂。尤其针对页岩纳米-微米尺寸级别的微裂缝,采用纳米-微米颗粒封堵剂。其中纳米级封堵材料粒径为 $20 \sim 200$ nm,如图 2.29 所示;微米级封堵材料粒径为 $0.1 \sim 10$ μm,如图 2.30 所示。

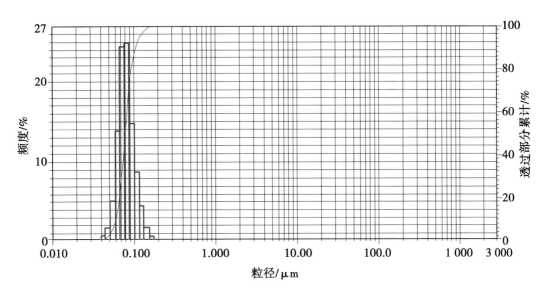

图 2.29　纳米封堵剂粒径分布

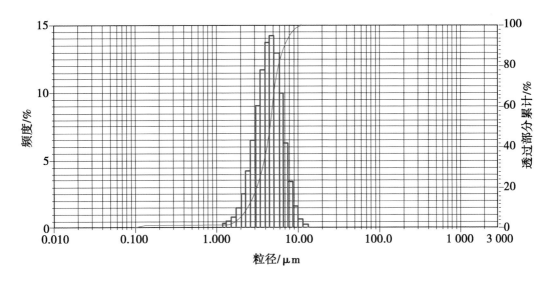

图 2.30　微米封堵粒径分布

提高润滑性的思路是采用固体、液体润滑剂，其中的细小滚珠在两接触面之间产生物理分离，在摩擦表面上形成隔离憎水润滑膜，将钻柱与井壁的滑动摩擦转为滚动摩擦，从而大幅度降低扭矩和摩阻。固体润滑剂如石墨粉能牢固吸附在钻柱和井壁岩石表面,热稳定性、化学稳定性和防腐性均较好,适于温度较高条件,同时石墨粉吸附在井壁上还能封堵页岩微裂缝降低钻井液滤失,但不适合高转速,并且易被固控设备清除。

高性能的水基钻井液体系在北美页岩气水平段中已得到广泛应用,但在国内川渝地区页岩气还处于起步阶段,已经在某些区块取得了成功应用,见表2.20。

表2.20　高性能水基成功应用案例

井 号	完钻井深/m	水平段钻进方式	水基钻井液使用井段/m		水基钻井液使用时间/d
1	4 421	MWD+螺杆	2 921~4 421	水平段	26
2	4 440	旋转导向	2 523~4 440	斜井段+水平段	35
3	4 700	旋转导向	2 517~4 700	斜井段+水平段	42

高性能的水基钻井液在使用中的日常性能维护以维持其流变性和控制固相为主(钻井液性能参数见表2.21)。随着进尺的增加,持续均匀补充钻井液体积。最大限度使用固控设备,推荐振动筛筛布为200~240目。在胶液罐配置无比重稀释液并缓慢补充至循环池,以同时达到平衡比重、控制流变性的目的。为保持良好的抑制性和封堵性,及时补充抑制剂和封堵剂,通过在新钻井液中加入更高浓度的处理剂或直接在循环池加入的方法处理。

表 2.21 高性能水基钻井液性能

	性能	密度/(g·cm⁻³)	API失水/mL	HTHP失水/mL	摩阻系数	初切/终切/Pa	动切力/Pa	低密度固含率/%
设计参数		1.9~2.0	<3	<5	<0.12	3~8/5~15	6~16	<7
实际参数	最大	1.93	3	7.8	0.045	7/15	19	25.14
	最小	1.86	1.8	4.2	0.017	2/6	11	2.2
	平均	1.90	2.4	5.2	0.023	6/14	14	10

2.2.3 油基岩屑处理技术

川渝地区页岩气钻井因使用油基钻井液产生的含油岩屑具有以下几个特点。

(1)油基岩屑数量大

经测算单井产生油基岩屑约 700 t,页岩气商业开发中一个平台平均 6 口井,将产生油基岩屑约 4 200 t。如某一页岩气区块部署 10 个平台,将会产生油基岩屑 42 000 t。

(2)油基含油量高

对川渝地区页岩气钻井现场取回的油基岩屑样品进行分析,含油率为

$10\%\sim20\%$,含水率为 $8\%\sim15\%$,含固率为 $70\%\sim79\%$,见表2.22。

表2.22　川渝地区页岩气油基岩屑组成

编　　号	含油率/%	含水率/%	含固率/%
1	12	10	78
2	15	15	70
3	10	11	79
4	20	10	70
5	17	8	75

(3)污染物组分复杂

基础油中含有芳香烃类物质,除此以外,油基岩屑中还有大量苯酚类添加剂和铅、铬、镉等重金属,成分复杂,属于多相体系。油基岩屑中的油类形成油膜劣化水质,添加剂会造成水体富营养化,重金属直接毒害生物,直接排放或简单填埋处理会污染土壤和地下水,影响人类健康和生态环境。

在美国,含重金属或柴油的岩屑禁止排放。在英国,岩屑的油含量要求小于 1%,重金属不得超标,禁止用柴油配制油基钻井液。在加拿大,岩屑的油含量要求小于 2%,重金属和COD不得超标,禁止用柴油配制油基钻井液。在我国,油基岩屑属于《国家危险废弃物名录》(2008)HW08类

071-001-08 项,为危险废弃物。按照国家法律和环保规定的要求,见表 2.23 和表 2.24,油基岩屑的总体处理原则为资源利用最大化,最大限度减少最终排放量,进而达到资源循环使用的目的。

表 2.23　处理后含油指标遵循的标准

处理后含油指标/%	执行标准	标准名称
≤0.3	GB 4284—84	《农用污泥中污染物控制标准》
≤1.0	GB 4914—2008	《海洋石油勘探开发污染物排放浓度限值》
≤2.0	HJ 607—2011	《废矿物油回收利用污染控制技术规范》
≤2.0	DB23/T 1413—2010	《油田含油污泥综合利用污染控制标准》

表 2.24　处理后固废浸出液指标遵循的标准

检测项目	排放限值	标准依据来源
含油量	1%	《海洋石油勘探开发污染物排放浓度限值》(一级)
镉	1 mg/L	《危险废物鉴别标准　浸出毒性鉴别》
铅	5 mg/L	《危险废物鉴别标准　浸出毒性鉴别》
总铬	15 mg/L	《危险废物鉴别标准　浸出毒性鉴别》
铬(六价)	5 mg/L	《危险废物鉴别标准　浸出毒性鉴别》

续表

检测项目	排放限值	标准依据来源
总汞	0.1 mg/L	《危险废物鉴别标准 浸出毒性鉴别》
砷	5 mg/L	《危险废物鉴别标准 浸出毒性鉴别》
pH 值	6~9	《污水综合排放标准》(一级)

由于油基岩屑含油率高,首先需要进行前端处理,最大限度地提取油品,达到资源回收的目的。再通过末端处置,进一步降低含油量,最大限度达到一般工业固体废物标准。

目前国内外油基岩屑处理技术主要有以下 7 种。

(1)脱干法

利用油-固两相的密度差实现分离和提取油品。采用甩干机和离心机进行分离,分两步将油基岩屑中的大颗粒、小颗粒和油类进行甩干分离,可从岩屑中回收一部分油基钻井液。但由于基础油的黏度高,难以彻底脱干,离心后固相含油率仍维持在 8% 左右。该技术主要作用于前端处理,但脱油率较低,分离后的岩屑仍难以达到环保要求。

(2)微生物代谢降解法

将油基岩屑调整 pH 值进行预处理后,加入营养剂、活化剂、氧气,利用特定的嗜油微生物将油基岩屑中长链烃类物质或有机高分子降解成为环境可接受的低分子物质。该技术是将油基岩屑中油类物质代谢分解,是单纯的处理和处置过程,属于末端处置,不能回收油基钻井液资源。据相关研究,生物降解周期为30~60天,降解受含油率、基础油的物性、微生物生长和繁殖条件(温度、湿度、营养)等多种因素的影响,处理周期长,仅适用于正构烷烃的降解。该方法还面临降解处理场地大,优选合适的微生物菌种和载体的难题。

(3)焚烧法

利用高温焚烧将油基岩屑转化为灰分,焚烧产生的热能还能回收利用。油基岩屑在焚烧前需要经过加热絮凝、脱水等进行预处理,以便其引燃和焚烧,减少因含水率高而损耗热能。焚烧法可以将油基岩屑中大部分有害物质消除彻底,避免环境污染,但在焚烧过程中会产生气体(含硫化物、重金属、二噁英等)、颗粒物等二次污染。焚烧法属于末端处置,无法回收资源,只能利用焚烧热能,处理温度高(1 200~1 500 ℃),各类气体、颗粒等二次污染需再次处理。

(4)热解析法

在隔绝氧的环境中将油基岩屑加热,岩屑中的轻组分油类和水分首先受热蒸发,剩余的重组分油类在热分解作用下转化为轻组分。蒸发出的水分和油类通过分离、冷凝回收,完成油类和岩屑分离。热解析产生的气体有 CH_4、H_2 等,液体有汽油、柴油等烃类,油基岩屑的油类回收率高,综合利用价值高。剩余的岩屑固相中平均含油率可控制在 0.01%~0.4%,能够达到环保排放要求。该方法工作温度为 500~1 000 ℃,使油基岩屑中的全部有机质在高温下氧化、热解并被彻底破坏,但处理过程热能消耗大,而且过高的温度可能会破坏钻井液中的添加剂。

(5)化学清洗法

将具有破乳性能的化学药剂加入油基岩屑中,利用乳化溶解分离,使岩屑中的油类破乳絮凝,最后离心析出回收。常用的化学药剂一般有表面活性剂、酸和高价金属盐等,对油基岩屑破乳后进行离心,得到油、水和残余岩屑三类物质。油类回收率高,但在处理过程中需消耗溶剂水,会产生含油污水,形成二次污染,污水的环保处理是一大难题。同时化学药剂必须针对性强,适应能力差,导致使用的药品种类多、加量大,难以回收。

(6)LRET 油基泥浆岩屑资源回收法

基于多级多效变频耦合离心分离的物理方法,将油基岩屑离心甩干后,采用化学处理剂进行常温常压密闭脱附,回收油基岩屑中的油类及钻井液添加剂。该方法不会破坏油基岩屑中的添加剂性能,多效离心后产生的溶液经蒸馏冷凝后可回收使用,岩屑中油类回收率可高达99%。最终分离出的岩屑含油率低至 0.2%~0.6%,满足国家环保要求。但整个分离脱附处理过程长、成本高,化学药品挥发存在二次污染隐患,需要建立专门的处理站进行处理,随钻处理实施难度高。

(7)电磁波处理法

利用光波、电磁波和微波将油基岩屑加热到不同温度,将油、水从岩石颗粒上分离、蒸发,从而降低岩屑含油量。首先用光波预热,将油基岩屑加热到 80 ℃,岩屑表面开始膨化产生微孔气泡。之后进行电磁分离,将温度升高至约 150 ℃,油和水开始在微孔气压作用下分离,水被蒸发殆尽。最后进行微波加热,温度升至约 220 ℃,油开始挥发,通过排烟管道排出箱体外冷凝至 40 ℃以下回收,岩屑含油率可以降至 1.6%左右。但该方法在处理过程中物料易堆积堵塞,存在防爆和不凝气的排放等问题。

四川地区页岩气按照油基岩屑处理总体思路,在油基岩屑送往处理站之前,需要在钻井现场进行前端处理,如图 2.31 所示。通过螺旋输送器将振动筛出口的岩屑送到甩干机,分离出的液相再通过高频离心机进行离心分离,质量较好的钻井液回收。初步分离出的油基岩屑送到专用储罐存放,实现岩屑的不落地收集。前端处理在钻井现场固控基础上增加了甩干机、离心机,强化了油基岩屑中固—液两相的分离,达到回收有用液相和尽量减少固相体积的目的。

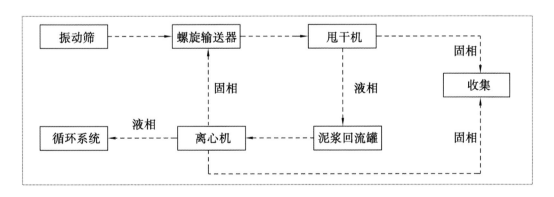

图 2.31　钻井现场前端处理流程

当钻井现场初步分离的油基岩屑积累到一定量后,将岩屑专用储罐运到处理站进行末端处置。某区块的处理站采用热解析工艺,如图 2.32 所示,利用热空气的热量来热解岩屑中的各种有害物质,达到完全彻底无害化处置的目的。岩屑本身与燃料及其火焰完全分隔不接触。热解区域温度保持恒温状态(500~600 ℃),岩屑中的水和油在高温下变成夹带少量粉尘蒸汽,被抽到冷凝塔通过喷淋骤冷冷凝,再通过油水分离器将分离出的基油、轻质油和水分类回收利用。尾气在燃烧室燃烧后排放,燃烧温度控制在850~1 000 ℃,尽量避免氮氧化物(NO_x)的产生。剩余的岩屑含油率最低0.03%,最高0.92%,平均在0.4%以下,按当地环保要求固化填埋或二次利用。

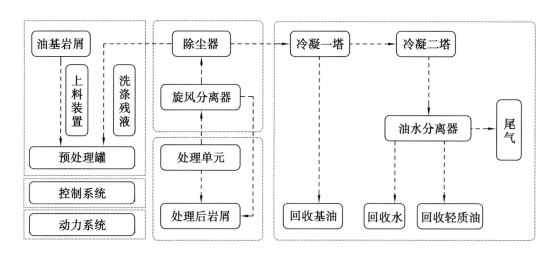

图2.32 热解析工艺流程

另一区块的处理站采用LRET工艺,如图2.33所示,整套工艺流程有几项关键技术。首先多级离心系统针对油基岩屑中(大、细和超细)固相颗粒粒径范围分布广、固相物质密度差异大的特点,可以灵活调节转速、筛网孔径、沉降压缩比、物料停留时间,将离心过滤和离心多级沉降过程耦合,能有效分离超细固相颗粒物并回收油类和钻井液添加剂,又有较强的耐磨损和抗堵塞能力,具备长期稳定工作的能力。在脱附阶段采用专门针对油基岩屑的高效处理剂,能快速实现油类、钻井液添加剂和钻岩屑的分离,并且处理剂为不燃物,无爆炸极限、化学反应效率高、容量大,对现场储存和使用的环境宽容度高。整套工艺设备的反应容器经过优化设计,在脱附反应时能防止高比重材料、细颗粒等固相物质形成厚泥饼层,促进了固—液分离。整套装置能够最大限度回收油基钻井液和水,供循环使用。处理过程中无污水、废气排放。最终的岩屑含油率控制在 0.1% 左右。

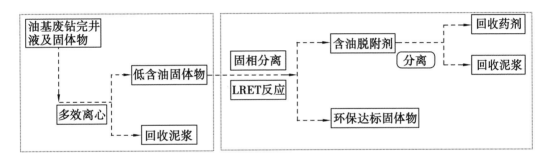

图 2.33　LRET 工艺流程

2.3　页岩气水平井固井技术

页岩气水平井井段长,后期体积压裂施工对井筒完整性要求高,给水平段固井带来了新的挑战,存在以下难点:

①大型体积压裂对水泥环层间封隔性能要求高,要求水泥环具有一定韧性,且一、二界面胶结质量好,防止压裂时段间窜通,影响改造效果。

②使用油基钻井液钻成的井眼,其井壁及套管壁上附着的油膜难冲洗干净,界面清洗效果差。水泥浆与油基钻井液存在破乳、絮凝问题,水泥浆与油基钻井液化学兼容性差,导致水泥浆双界面胶结差,易危及固井作业安全,影响顶替效率和水泥环胶结质量。

③长水平段岩屑床不易清理,套管在水平段由于自重贴边严重,套管居中难度大,水平段套管底边的钻井液因顶替不完全形成窜槽,影响环空封固质量和水泥石性能。

④套管管柱长,浮箍浮鞋失效风险大,易留下水泥带状长塞。注入水泥浆和顶替浆量大,套管内外压差大,固井施工顶替压力高,对设备性能要求高。

2.3.1　长水平段下套管技术

下套管之前的通井阶段,在造斜点以下的裸眼井段全程采用转动划眼,尤其对于定向井段、大肚子井段和全部水平段进行拉划,在发生挂卡和遇阻点进行短程起下钻。钻进过程带扶正器的井眼,用双扶正器一次通井;钻进过程未带扶正器的井眼,先用单扶正器进行一次通井,再用双扶正器通井。通井到底后,采用大排量循环洗井和高密度稠浆段塞举砂,清除井底沉砂,起钻前垫入固体润滑剂。通过一系列的技术措施修整井壁,清除井壁微台阶,提高井眼的光滑程度,为下套管降低摩阻。

套管柱前端采用"旋转导向引鞋+短套管+扶正器"的组合,如图2.34所示,配合抬头下套管工艺,有助于清除井壁和水平井低边沉砂,帮助套管旋转,减少前端摩阻。下套管前用软件模拟下套管过程中摩阻及套管居中度,优化扶正器的类型和安放间距,见表 2.25,在大斜度井段和水平段推荐使用滚珠扶正器,如图 2.35 所示。

图 2.34　旋转导向引鞋

表 2.25　推荐扶正器类型和安放间距

井　段	扶正器类型	安放间距
井斜大于 60°井段	Φ205 mm 螺旋(滚珠)	1 只/1 根
斜井段	Φ205 mm 螺旋	1 只/1 根
直井段	Φ205 mm 螺旋	1 只/3~5 根
重合段	Φ210 mm 普通钢扶	1 只/10 根

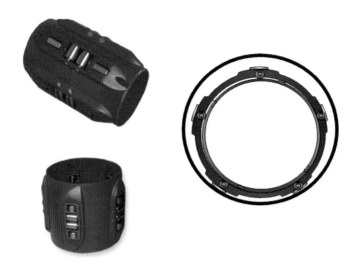

图 2.35　滚珠扶正器实物照片

采用旋转下套管技术,借鉴顶驱工作原理,通过旋转下套管工具,如图 2.36 所示,其外部卡瓦悬持套管和内部插入密封头开泵循环,在复杂井眼中旋转修正井壁,克服井下摩阻,保证套管顺利下入。下入过程中

图 2.36　旋转下套管工具

控制套管下放速度(上层套管内每根套管下放时间不少于 30 s,出上层套管鞋每根套管下放时间不少于 50 s,下部井段每根下放时间控制在 30 s~1 min),下至上层套管鞋中途循环 1 周。套管下到位后,逐渐加大洗井排量,固井前用大排量(2 m³/min)循环 2 周以上,确保井眼通畅无沉砂。

2.3.2　油基钻井液冲洗隔离技术

针对油基钻井液与水泥浆不兼容的难题,形成了油基钻井液的界面清洗隔离液:非离子表面活性剂+阴离子表面活性剂+高分子悬浮稳定剂+惰性固体材料。表面活性剂的分子与非极性基团结合,削弱其亲油性,由亲油转变为亲水状态使体系产生破乳作用而解体,油水发生分离,见表 2.26。

表 2.26　冲洗液对材料润湿角的改变

浸泡液体	介　质	接触角/(°)
白油基钻井液	钢片	78.18
冲洗液清洗后	钢片	6.6
白油基钻井液	页岩	59.82
冲洗液清洗后	页岩	0

此后亲油端伸向油相,包裹住油相形成乳状胶束;亲水端伸向水相,产生润湿、逆乳化亲水增溶作用,形成水包油状胶束分散悬浮于冲洗液的水相中。有机溶剂与油基钻井液的烃链分子形成分子间力,降低表面张力,形成对油膜极强的浸透力,润湿反转效果好。高分子悬浮稳定剂与吸水材料表面发生氢键吸附,产生内摩擦力阻止固相颗粒沉降,并且吸附桥联在一起,形成空间较小的团块结构阻止固相颗粒沉降。

这种冲洗液具有较强润湿渗透作用,在室内实验中,黏度计外筒用油基钻井液浸泡后,用非驱油冲洗液冲洗 2 min,再用清水冲洗 3 min,基本冲不掉。而用驱油冲洗液冲洗 2 min,再用清水冲洗 1 min,能有效清除界面油膜,如图 2.37 所示。

(a)非驱油冲洗液冲洗实验

(b)驱油冲洗液冲洗实验

图 2.37 冲洗实验

在现场应用驱油冲洗液后,液体使用量从平均 15 m³ 下降到平均 2～3 m³,在提高冲洗效率的同时还减少了冲洗液用量,降低了成本。

2.3.3　韧性水泥浆技术

往水泥里添加胶乳、胶粉或纤维,可以增强水泥浆的韧性,如图 2.38 所示,能够增加水泥石抗破碎能,减少因局部能量蓄积导致的裂纹迅速扩展。胶乳颗粒能够弱化羟钙石结晶体层内分子间共价键的键合作用,降低水泥石的脆性;胶乳颗粒参与凝胶的连生、聚并、交叉、成网过程,弱化凝胶相共价键键合作用,增加韧性。胶粉颗粒在受冲击作用时产生缓冲作用,吸收部分能量,提高水泥石的抗冲击性能。纤维以拉筋、搭桥形式改善水泥石力学性质,纤维起到传递负荷作用,减小水泥石内部缺陷的应力集中,也增加水泥石抗冲击能力。

增韧材料的微筋结构

（a）　　　　　　　　　（b）

图 2.38　韧性水泥石的微筋结构

室内实验表明,常规密度韧性水泥石抗压强度为 31.2 MPa,未经韧性改造的水泥石抗压强度为 40.5 MPa,韧性水泥石抗压强度降低了 22.96%;常规密度韧性水泥石弹性模量为 6.0 GPa,未经韧性改造的水泥石弹性模量为 8.8 GPa,韧性水泥石弹性模量降低了 31.81%。高密度(2.2 g/cm³)韧性水泥石抗压强度为 23.0 MPa,未经韧性改造的高密度水泥石抗压强度为 25.6 MPa,韧性水泥石抗压强度降低了 10.15%;高密度韧性水泥石弹性模量为 5.8 GPa,未经韧性改造的高密度水泥石弹性模量为 8.2 GPa,韧性水泥石弹性模量降低了 29.26%。无论常规密度还是高密度的水泥石韧性改造效果均良好,有利于保证水泥石在分段压裂过程中的力学完整性。韧性水泥浆的 API 失水量可以控制在 50 mL 以内,水泥浆稠化时间在 100~120 ℃可调,上下密度差低于 0.03 g/cm³,无游离液,能够满足页岩气水平井固井要求。

此外,还有微膨胀的韧性水泥浆体系,7 天的线膨胀率为 0.16%,如图 2.39 所示,能降低水泥浆候凝收缩等引起的微间隙,改善水泥石力学性能。

除了以上页岩气长水平段固井的特色技术外,在施工中采用清水作为顶替液,加大套管内外的密度差,使下部套管在浮力作用下有向上漂浮趋势以减少套管的偏心程度;增大管内外压差,从而有利于提高水泥石早期强度、降低孔隙度,降低或减弱套管的径向伸缩扩张带来的微间隙,提高一、二界面固井胶结质量。施工排量为 1.5~2.1 m³/min,确保上返速度为 1.0~1.2 m/s,提高顶替效率。

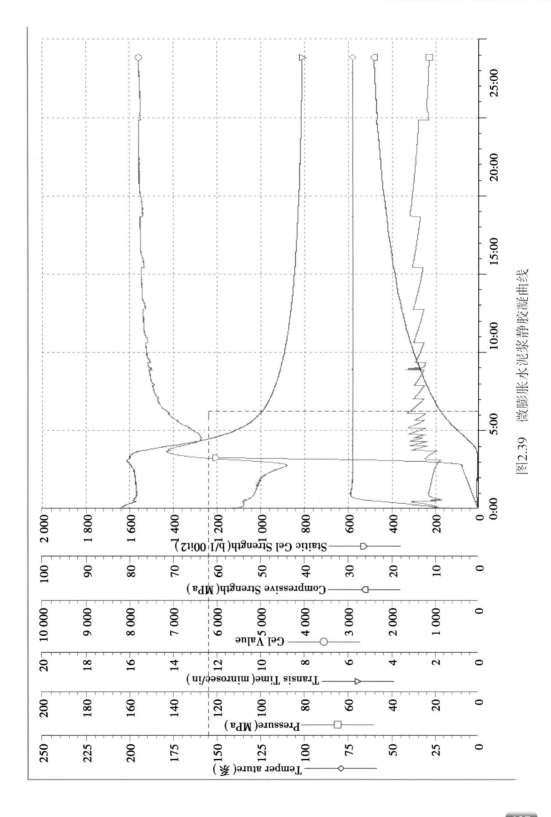

图2.39　微膨胀水泥浆静胶凝曲线

2.4　页岩气水平井测井技术

页岩储层矿物组分复杂,与常规储层综合评价体系差异大,页岩气的开发突出了井筒储层品质和完井品质相结合的重要性。众多生产测井结果表明,同一平台井水平井产能差异大,同一口井分段产能差异大,水平段井筒和井附近储层品质分析至关重要,这就从地质和工程两方面对测井提出了新的要求。

从地质角度讲,页岩储层需要求解 9 种矿物:伊利石、绿泥石、蒙脱石、石英、长石、方解石、白云石、有机质、黄铁矿;评价参数有孔隙度、渗透率、饱和度、总有机碳含量、吸附气和游离气含量等。页岩储层在纵向上和横向上都存在较大差异,同一平台不同位置的水平井因设计靶体和实际钻遇的地层差异,每口井不同层段的储层品质和完井品质不尽相同。某井钻遇宝塔组灰岩,井眼在龙马溪底部高伽马井段、低伽马段反复穿行,其储层岩性、总有机碳、总含气量、储层品质和完井品质差异明显,如图 2.40 所示,页岩储层品质评价和储层各个小层划分需要测井解释这些参数来支撑。

从工程角度讲,固井质量差的地方,射孔后是否有穿槽? 射孔优选的井段是否应该避开套管接箍? 固井质量对射孔压裂施工的影响要依靠测

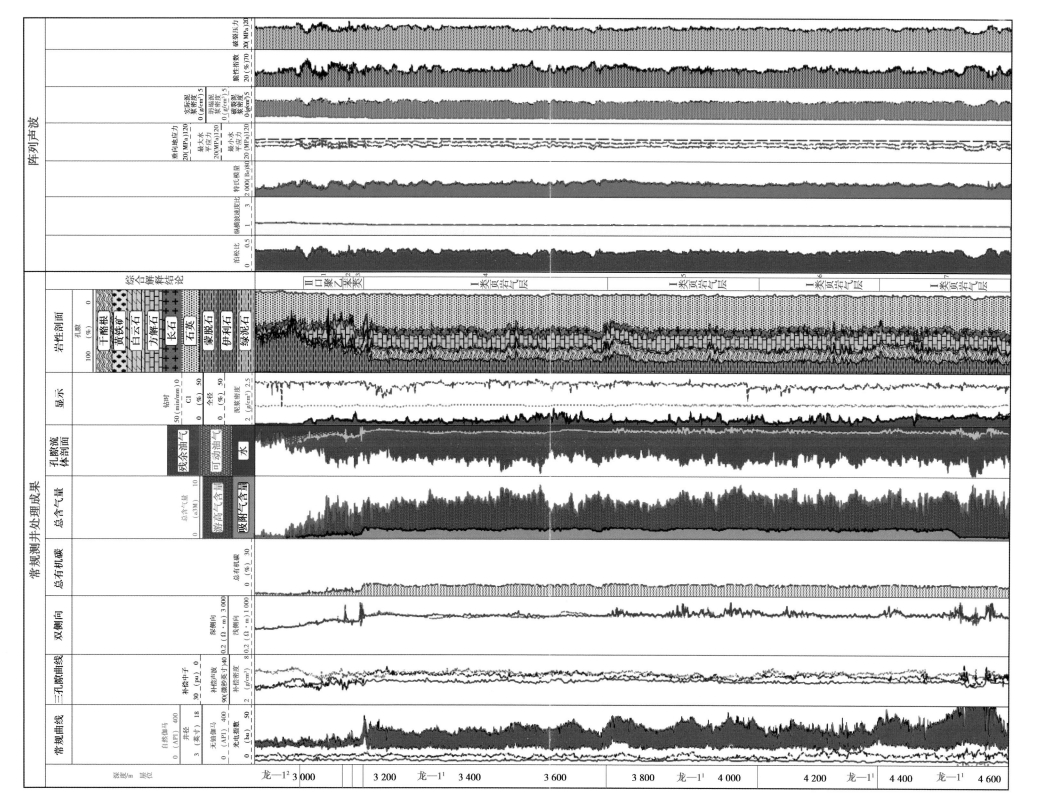

图 2.40　某井页岩储层的测井曲线

井解释。影响产量关键的体积压裂所需的井筒和近井地带储层品质,井筒应力场、应力方向,储层的岩石力学参数、脆性指数、破裂压力等参数,需要测井解释来优化压裂设计,提高改造效果提供支撑。

总的来说,从储层品质评价、完井品质评价、地质建模分析、射孔井段优选到最后的最优开发方案,测井是重要的环节。但页岩气长水平段给测井带来不小难度,有裸眼水平段长的风险,有井壁不规则的风险,有油基钻井液对仪器的影响,有低成本高效率和测井项目多的要求,川渝地区页岩气开发到目前,长水平段测井主要采用过钻具存储式测井和随钻测井两种方式。

2.4.1 过钻具存储式测井技术

传统的钻杆传输测井在下井过程中,仪器直接暴露于井筒,测井仪器先于钻具接触井筒,测井作业过程中不能转动钻具,在长水平段施工过程中存在较大风险。过钻具存储式测井通过锁定装置将测井仪器锁定在钻杆内,用钻杆传输至指定深度后将仪器从钻杆内释放,按照要求速度上提钻具进行测井作业,到达地面后从存储单元下载数据回放。过钻具测井能在起下过程中循环泥浆、带压作业,测井成功率高,设备受损率低,具有较好的经济性和时效性,其和传统钻杆传输测井对比见表2.27。

表 2.27　过钻具存储式测井和传统钻杆传输测井对比

作业风险对比	传统钻杆传输	存储式
仪器遇阻损坏	仪器接在钻杆底部下井,容易损坏	仪器藏在钻杆内部下井,避免损坏
测井电缆挤压损坏	需电缆对接和旁通,电缆裸露在钻杆外,容易损坏	无须电缆施工,避免损坏
仪器遇卡	仪器外径大,容易遇卡	仪器外径小,减小遇卡
电缆对接不成功或绝缘不好	需电缆对接,存在风险	无须电缆对接,不存在风险
测井过程中井控	需要使用电缆,不易控制	单流阀+随时可以循环,风险可控

过钻具存储式测井有以下几项关键技术:

(1)悬挂及钻井液循环系统

悬挂及钻井液循环系统,随时可进行钻井液循环,最大限度地满足井控需要,也能确保投球释放成功率和避免误释放,悬挂释放系统技术指标见表2.28。

表 2.28 悬挂释放系统技术指标

项 目	技术指标		
	88.9 mm	127 mm	139.7 mm
抗压/t	60	100	110
抗拉/t	60	100	110
旋转最大转速/($r \cdot min^{-1}$)	15	15	15
测井速度/($m \cdot min^{-1}$)	6	6	6
最大活动行程/m	10	10	10
泥浆最大循环量/($m^3 \cdot min^{-1}$)	1.8	1.8	1.8
释放剪切压力/MPa	6.8(可根据所选剪切销钉进行设定)		
释放器夹持力/N	30 000	30 000	30 000
释放器拉力/N	30 000	30 000	30 000

(2)起下钻可旋转技术

旋转系统可进行划眼下钻,起钻解卡时倒划眼作业,确保了井控安全和测井作业一次成功率。在某井进行存储式测井时,井况复杂,需划眼、倒划眼起下钻,下钻时摩阻最大 50 t,共有 46 柱采用旋转划眼下放,下钻总用时 33 h;起钻摩阻 100 t,遇卡悬重 220 t 以上,共有 43 柱采用倒划眼起钻,起钻用时 27 h,最终安全顺利地完成该井测井作业。

（3）超长工作时间的高温电池

针对高温井、复杂井施工时间长的特点，现有 150 ℃、180 ℃两种规格高温大容量电池，连续工作时间达到 150 h，整个作业过程都采集资料，采集的下测伽马、井斜等资料可以和上测资料相互验证。

（4）超大容量存储及数据备份

借助计算机工业的发展，现有的耐高温大容量存储器容量可达 2 GB。以采集存储式数据量最大的声波测井仪为例，可以连续存储 145.6 h，其余数据量小的可以连续存储 4 000 h，并且每支仪器均采取了数据备份技术，若该仪器存储板出现故障，可读取备份板上资料，确保了测井作业一次成功率。对采集存储数据量大的仪器，采用双总线设计，读取数据速度比单总线设计提高了 20~25 倍，现场数据读取从最初的 8~10 h 缩短到 2~4 h，便于现场资料的快速处理及后续作业安排。为了最大限度地采集到地层数据，采取每支仪器单独采集存储数据的方式，即使某支仪器井下出现故障，也不影响其他仪器数据采集和存储。

在某井的过钻具存储式测井施工中，上测至 3 312 m 时遇卡，正常悬重 101 t，最大上提至 158 t 未解卡；开泵循环钻井液再反复起下，最大上提拉力 140 t 时解卡，但最终只用了 42 h 就完成了设计要求的测井项目，具体时效见表 2.29。

表2.29　某井过钻具存储式测井时效

序号	时间简况	开　始	结　束	耗时/h
1	井口组装仪器	2014/10/25 3∶00	2014/10/25 7∶30	4.5
2	下钻至井底时间	2014/10/25 7∶30	2014/10/26 2∶00	18.5
3	投球、试压、推送时间	2014/10/26 2∶00	2014/10/26 4∶00	2.0
4	测井时间	2014/10/26 4∶00	2014/10/26 16∶00	12.0
5	起钻时间	2014/10/26 16∶00	2014/10/26 19∶00	3.0
6	井口拆卸仪器	2014/10/26 19∶00	2014/10/26 21∶00	2.0
7	仪器井下总时间	—	—	42.0

过钻具存储式测井技术使在不稳定井眼和恶劣井筒条件下采集裸眼测井资料成为现实,它降低了高角度、水平井等测井作业的安全风险,不会因为安全风险而放弃采集资料,为油气藏的评价提供了资料的保障。

2.4.2　随钻测井技术

另一种是随钻测井技术(LWD),是在钻井的同时用安装在钻柱上的测井仪器测量地层电、声、核等物理性质,并将测量结果实时地传送到地面或部分存储在井下存储器中的一种技术,可以测量的参数有电阻率及成像、伽马及成像、地层密度及成像、中子孔隙度、声波等。随钻测井根据测井项目的不同,可以灵活组合,一般都越靠近钻头越好,如图2.41所示,能够及时提供地层评价信息,及时识别地层、评价岩石和流体性质。

方位伽马　　　　电阻率　　方位密度 中子孔隙度　声波孔隙度　　井下压力　　　　遥感脉冲
（环空和钻具内部）

图2.41　随钻测井工具组合

随钻电阻率测井分为高频的电磁波传播电阻率测井和低频的侧向电阻率测井,前者测量电磁波的相位和幅度,测量结果中有对垂向电阻率敏感的相移电阻率和对水平电阻率敏感的衰减电阻率,能探测到电阻率各向异性,更适合水平井,能识别地层边界和分析泥浆滤液对地的侵入,能探测到地层各向异性、地层倾角以及大斜度角等因素的影响。由此发展而来的随钻电阻率成像能覆盖100%井周,能识别大的地质现象,并能进行时间推移测井,观察到泥浆侵入地层的过程。随钻自然伽马测井一般采用闪烁探测器测量地层伽马射线,通常安装在离钻头不远的工具内,主要作用是协助识别地层,提供地质导向,预测地层异常压力及进行地层评价。随钻地层密度和中子孔隙度的综合利用可以准确地确定地层孔隙度、识别岩性和探测气层。这两种随钻仪器在测量时由于旋转而偏离井壁产生间隙,特别是在水平井中,重力使仪器趋于滑向井眼低边,容易受岩屑床的影响。随钻声波测井主要用于估算地层孔隙度、随钻进行岩石力学性质评价、作为合成地震图的输入。目前现场投入使用的随钻声波测井仪器使用的声源有单极子、偶极子和四极子,如贝克休斯 Inteq 公司的 APX 既使用单极子也使用四极子声源,斯仑贝谢公司的 SonicVision 使用单极子声源,哈里伯顿 Sperry 公司的 BAT 是偶极子仪器。这些仪器可测量软/硬地层纵/横波速度和幅度,测量数据一般保存在井下存储器内,起钻后回放使用。

随钻测井技术是地质导向最有效的方法。在近钻头部位安装测量仪器,提供伽马和电阻率曲线,然后利用测井可视化处理工具对井下信息进行模拟,能实时地反映和调整井眼轨迹,确保井眼在薄储层中穿行,提高储层钻遇率。在水平井中还可用于预测所钻地层的前方地层信息,根据所预测到的地层信息及时改善钻井泥浆的密度,更新钻前模型,避免井下复杂情况的发生。

常规测井方法能够探测到的地层深度都较浅,尤其是成像类测井仪器以及高分辨率测井仪器,受到探测深度以及钻井液滤液的影响,不能最大程度发挥作用,影响了储层评价。随钻测井可以在钻井液侵入地层之前采集数据,地层还未受到钻井液污染,参数准确,有利于储层的准确评价。

对于页岩气井直井段的测井方式,采用同一个平台只测一口井的直井段。测井项目为:自然伽马能谱、井斜方位、补偿声波、双侧向。水平段的测井项目则根据井型而定。新区域水平井的测井项目为:元素俘获、电阻率、中子、密度、声波时差、纵横波,该方案测井费用较高,不利于成本控制,但在新区有必要取全取准资料,有利于后期规模开发的方案制订。进入规

模开发阶段的水平井,同一个平台每个方向的一口井测全所有资料,建议测井项目为:电阻率成像、交叉偶极子、电阻率、密度、中子、能谱伽马,而其余井测全能谱伽马、交叉偶极子。这样既能保证测井资料的完整有效,满足储层评价的要求,又能降低施工费用。

第 **3** 章

页岩气工厂化施工

3.1　钻井工程工厂化施工

　　工厂化钻井是以丛式水平井组形式,采用一系列先进钻完井技术和装备,利用可重复的井眼设计和对井下风险的有效控制,通过统筹安排钻井顺序和作业流程,将各项钻井作业标准化和专业化,采用流水线式工厂化模式批量完成钻井作业,实现低成本高效率钻井的一种作业方式。

工厂化钻井最早是从美国页岩气的开发开始发展起来的,当水平井钻井和大规模水力压裂技术成熟以后,为进一步降低页岩气的开发成本,将工厂化钻井引入页岩气开发,建立了标准化作业的开发模式。北美页岩气的工厂化主要有两种形式:"小钻机+大钻机"组合形式、单台大钻机形式。前者是用小钻机钻表层井眼或者"表层井眼+部分直井段",大钻机钻剩余的井段(直井段、造斜段和水平段),这种形式实现了钻机专用,避免大材小用,能有效降低钻井成本。后者是用一台大钻机钻完一口井的某个井段后,在候凝期间去钻同场邻井的同一井段或下一井段。工厂化钻井能够通过全过程精细控制来实现页岩气开发规模效益化,提高资源和设备的利用率,减少对环境和生态影响,开启了页岩气大规模开发的浪潮。在美国巴肯地区,储层垂深约为 3 000 m,从 2008 年到现在所钻水平井的平均水平段长度从 1 524 m 增加到 3 048 m,总井深从 4 877 m 增加到 6 401 m,在工厂化钻井模式下,平均钻井周期却从 32 天缩短至 18 天,个别水平井的周期更是只有 12 天。到目前为止,美国页岩气钻井超过 70% 都是采用工厂化作业模式,个别区域更是达到 90% 以上。

川渝地区的页岩气开发也借鉴了美国的页岩气有益做法,引入了工厂化钻井模式,受地形条件、环境条件和小钻机数量限制,钻机来回搬迁不便,采用了单台钻机进行工厂化钻井。最初是改造常规钻机使其具备移动能力,采用一台钻机钻完一口井再钻下一口井的方式。经过不断摸索后,过渡到实施双钻机批量钻井,优化作业程序至可以进行交叉作业、脱机作业。成型后的工厂化钻井主要特点：

①标准化井场设计和地面工程建设使多口井共用同一生活设施和井场道路,有效减少井场面积。

②能实现批量钻井,有效提高设备利用率和钻井效率,减少非生产时间,缩减人员配备。

③可以有效节约材料,通过对钻井液的回收处理,实现钻井液重复利用。采用工厂化钻井模式,修建一个 6 口井的平台需要 30 天,将平均单井钻机占用平台时间控制在 80 天以内(含钻完井和压裂),整个平台从井场修建到建成产能需要 510 天,能够在一年半内完成 6 口井的产能建设,相比传统模式,大大提高了建产速度。

3.1.1　井场布局优化

根据川渝地区丘陵地形的特点,页岩气平台采用 2 台或 3 台钻机同时作业,井场采用双排或单排布井,目前双钻机布局是主流模式,有"一字形"和"双一字形"双钻机布局,如图 3.1、图 3.2 所示。前者井场长宽通常为 178 m×50 m,井口间距为 5 m,适用于狭长形井场环境;后者井场长宽通常为 116 m×70 m,井口间距为 5 m,适用于宽阔的井场环境。

通过优化功能区布局,达到共用场地、车道、发电机组、清洁化处理系统等地面设施的效果,又能保证连续、交叉作业安全同步进行。双钻机同时作业,缩短了平台的建设周期。

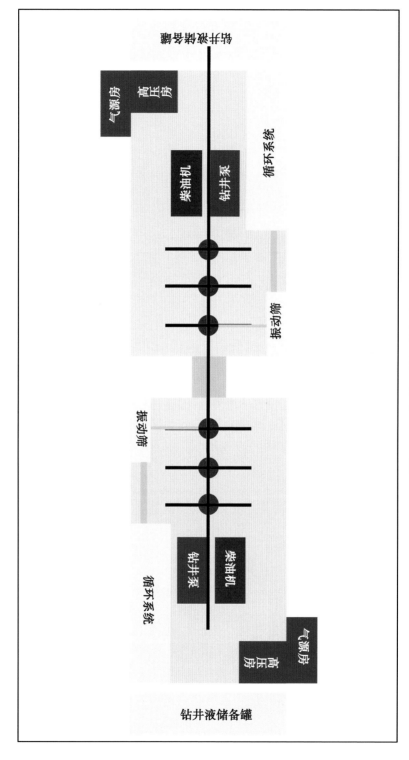

图3.1　一字形双钻机井场布局

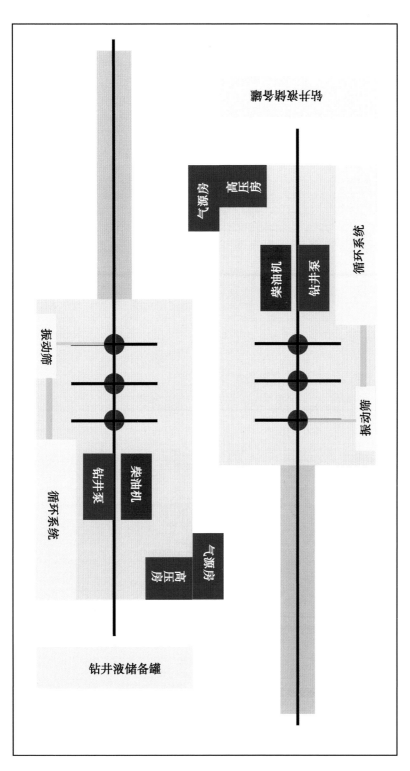

图3.2　双一字形双钻机井场布局

3.1.2　批量化钻井作业

批量化钻井的核心是实施分开次、分工艺的流水化钻井作业,每一开次为一批,如图 3.3 所示。同一批钻井可以采用同一套技术措施,可以集中使用工具材料,减少了材料准备时间。

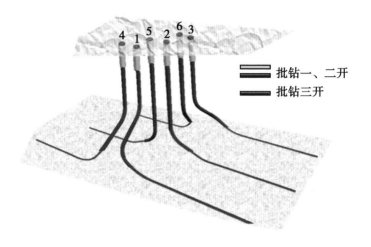

图 3.3　流水化钻井示意图

对于水平段使用油基钻井液的平台,因为两种体系所用材料不同,岩屑收集处理方式也有区别,以水基钻井液和油基钻井液为分界面。在水基钻井液阶段批量完成各井的水基钻井液井段(通常为技术套管井段),再统一转换成油基钻井液,批量钻完剩余井段,如图 3.4 所示。以水基、油基钻井液为分界面,避免单井进行水基、油基钻井液的来回倒换,既节约配置和转换时间,又便于钻井液回收处理再利用。

在批量钻井基础上,依靠双钻机的灵活井场布局,能够实现钻井、固井、测井交叉作业,固井后即可搬迁进行下口井钻井作业,同时进行上口井

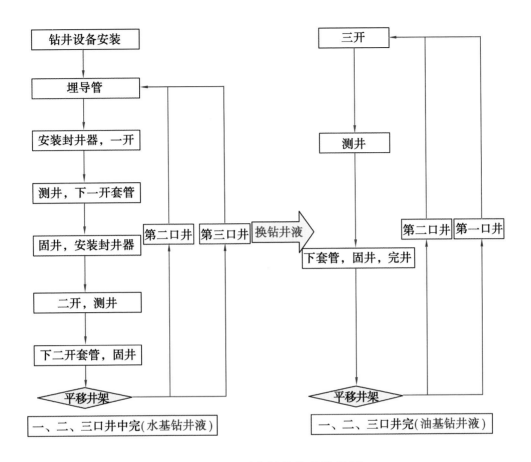

图3.4　工厂化钻井作业流程图

的固井候凝、电测及安装井口等作业工序,多项作业无缝衔接交替进行,同时集中重复的作业模式可形成学习曲线,如图3.5所示,技术水平、作业效率、设备利用率持续提高,缩短了作业时间。

采用批量化钻井模式后,单平台平均减少水基和油基钻井液转换、固井候凝、完井作业、倒换钻具作业时钻机等待时间62天,减少成本1 288万元;水基、油基钻井液重复利用、减少倒换运输等减少成本820万元,单平台累计结余2 000万元以上。

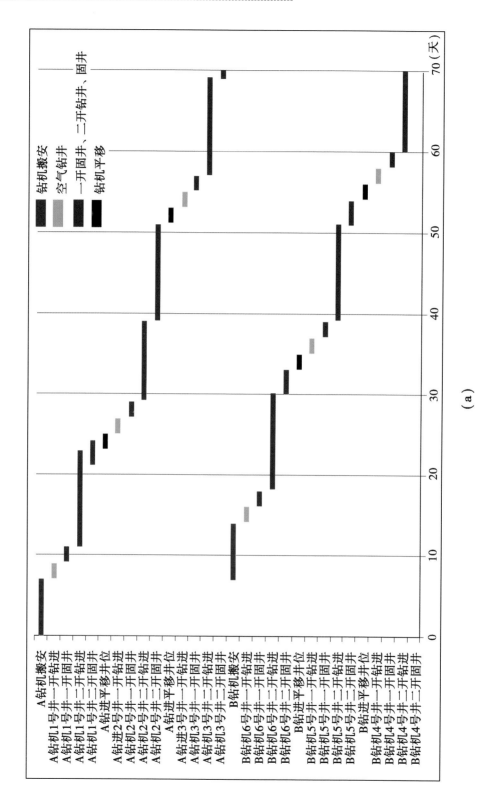

（a）

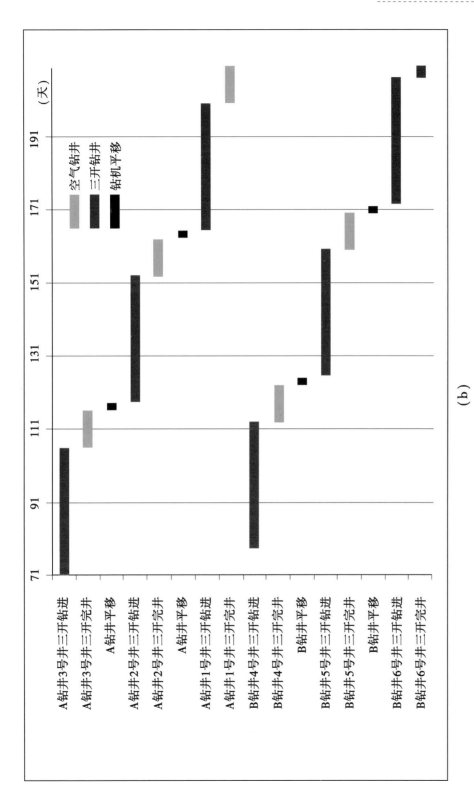

（b）

图3.5　工厂化钻井学习曲线

3.1.3　批量化钻机配套

工厂化钻井的硬件基础是能快速移动的钻机,在北美地区按移动方式分为滑轨式钻机和步进式钻机。滑轨式钻机包括 SAV ANNA 移动钻机、VERSA-RIG300 钻机、RACK And PINION 钻机和 SPARTA 模块式钻机等,步进式钻机包括 GES 型 8 向行走钻机、NABORS 快速移动钻机、LANDSHARK 快速移动钻机、FLEX RIG 陆地钻机和 APEX 等。快速移动钻机运移速度最快达 12.19 m/h,仅需 1.5 h 便可从一个井位移动到另一个井位。川渝地区通过改造现有钻机,也采用了滑轨式和步进式两种方式,如图 3.6、图 3.7 所示。

图 3.6　滑轨式移动装置

滑轨式移动装置需要移动的部分为井架及底座、机房、泥浆泵、气源房,井间纯移动时间为 2 h,移动前倒下部分钻具大约需要 16 h,全部移动搬安需要 50 h,总时间为 2.75 天;步进式移动装置需要移动的部分为井架及

图 3.7 步进式移动装置

底座、绞车,井间纯移动时间为 1.5 h,移动前倒下全部钻具大约需要 38 h,全部移动搬安需要 24 h,总时间 2.58 天。传统钻机搬安至少需要 6 天,快速移动钻机效率高,优势明显。除了移动装置外,钻机其余部分也要进行适应性改造。采用标准节流管汇、高压软管及支架,解决钻井液高压管汇和防喷管汇的问题;采用转接泵,解决钻井液长距离输送的问题;采用电缆转接房,加长电缆,满足井间移动时电缆的收放。此外,条件允许时可利用地方电网,使用"电代油"设备,实现钻井及井场用电全部用网电提供。

针对表层的气体钻井,制订了表层批量化气体钻井的设备配套、设备布局优化配置方案,如图 3.8 所示,所有气体钻井设备和供气管线固定不动;将两台钻机的供气管线并联,使用控制阀实现快速切换,井口排砂管线能够快速移动。这样一来,气体钻井设备单井安装时间降为 4.1 h,平均耗用周期仅 2.75 天,作业效率大幅提高。

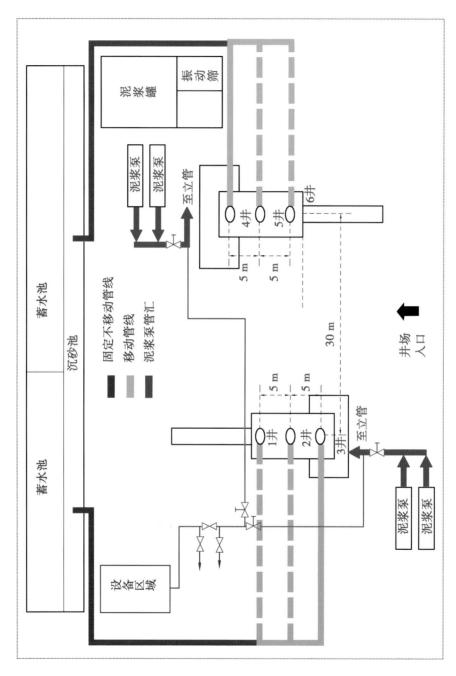

图3.8 表层批量化气体钻井设备摆放示意图

同时还设置了钻井液中转站,形成了双钻机运行重复利用与替换作业程序,降低了新浆配制量和体系转换时混浆的产生。水基钻井液可在 6 口井以上循环利用,油基钻井液回收利用率达 80%,如图 3.9 所示,单井钻井液费用平均降低 25% 左右。

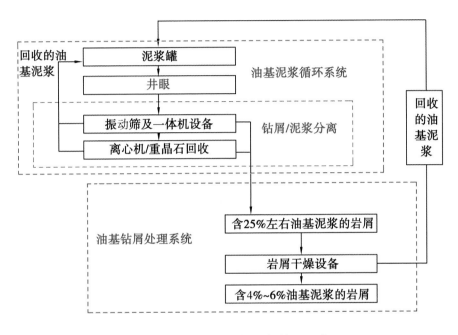

图 3.9　油基钻井液回收利用程序

双钻机在同一平台作业,原有的两个队模式就有优化空间。对管理人员进行集中管理,采用一套管理模式,实现资源共享;行政班这类一般工作人员可以缩减一半,实现裁减优化,相比于单钻机作业模式,在生产班人数不变的前提下,双钻机作业模式能够优减 14 人,如图 3.10、图 3.11 所示。对于专业技术服务队伍按一个平台配置,也减少了人员部署。

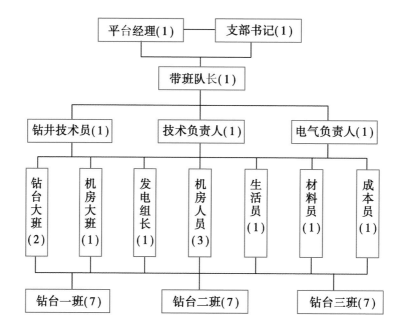

图 3.10 单钻机模式钻井队人员配置

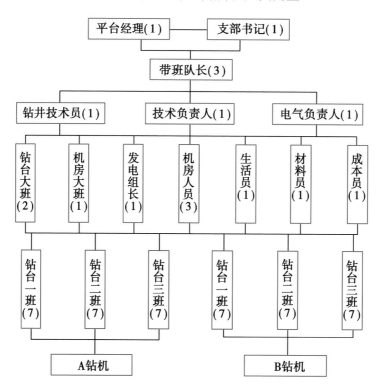

图 3.11 双钻机模式钻井队人员配置

3.2 页岩气平台优化设想

在已进行开发的页岩气区块中,现阶段丛式井平台布井数一般为 4~8 口井,但大部分单平台布井方式为双排 6 口井,如图 3.12 所示,水平段巷道长度一般为 1 500 m,每一层井眼的水平段巷道间距一般为 300~400 m,靶前距一般为 300~400 m。

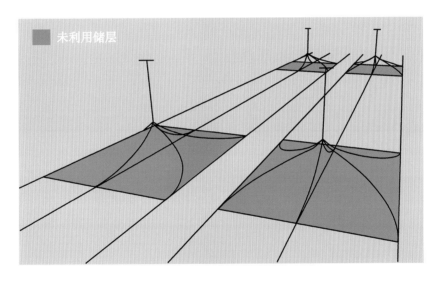

图 3.12 页岩气丛式井平台双排 6 口井布井示意图

按上述参数进行计算,每个平台至少有 36 万~64 万 m² 的储层面积无法利用,储层利用率有待提高。为了提高储层利用率和地面土地集约使用率,设想采用"增加平台井数"和"改变布井方式"两种方法相结合的思路进行优化。

（1）增加平台井数

横向增加单支井数，从现阶段较为普遍的双排 6 口井，增加到双排 10 口井，如图 3.13 所示，水平段巷道间距为 300～400 m。

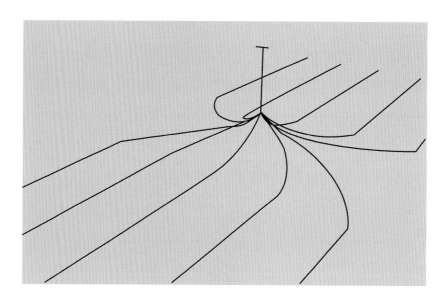

图 3.13　页岩气丛式井平台双排 10 口井布井示意图

纵向增加井的层数，从现阶段较为普遍的单层双排 6 口井增加到双层双排 12 口井，如图 3.14 所示，层与层之间的纵向间距以页岩层厚度作为设计依据。

将以上两种方式进行结合，每个平台布双层双排 20 口井，如图 3.15 所示，最终形成"横向多支、纵向多排"的格局，将大大提升单个平台的储层利用率和压裂改造的体积。

按双层双排 20 口井进行布置，平台井场尺寸至少为 125 m×80 m，场基面积为 1 万 m²。虽然单个平台的场地面积有所扩大，但减少了平台数量，对于山区井场来说降低了选址难度。

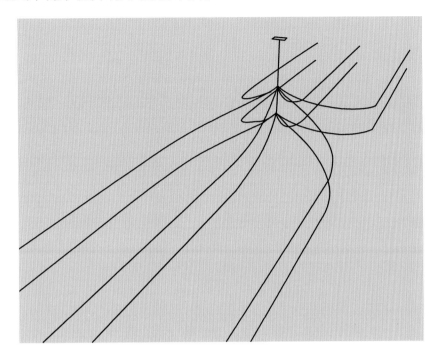

图 3.14　页岩气丛式井平台双层双排 12 口井布井示意图

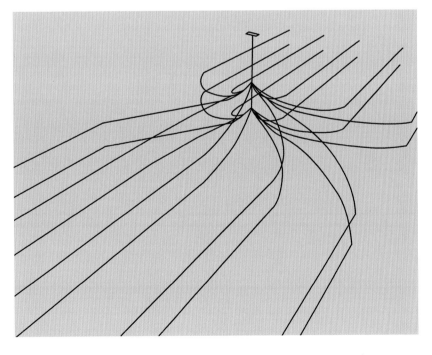

图 3.15　页岩气丛式井平台双层双排 20 口井布井示意图

（2）改变布井方式

以提高靶前距下储层的利用率为目标,对平台间位置进行优化,有三种优化模式。

模式1对双排6口井的平台采用穿插式布井,如图3.16所示。理论上每口井水平段的起点和终点都正好处于相邻平台靶前距下未覆盖的区域,此时平台布置最为紧凑,最大化利用了靶前距下储层。在井眼轨迹设计中,需要调整靶前距应为水平段巷道长度的一半,如水平段巷道长1 500 m,则相应的靶前距为750 m,其余参数和普通双排6口井的平台一致。如按纯理论要求布井,同一方向上井的水平段都有重合的起点和终点,因此在实际中需要对水平段的起点和终点进行微调,达到井眼防碰要求。

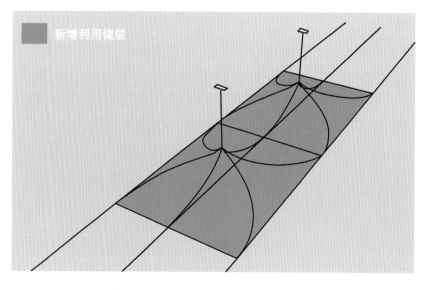

新增利用储层

图3.16 模式1的双排6口井平台穿插式布井示意图

模式 2 对双排 6 口井的平台采用交错式布井,如图 3.17 所示。将模式 1 水平段轴线方向完全重合的方式改为水平段轴线偏移半个水平段井间距交错布置的方式。这样就不必拘泥于靶前距和水平段巷道长度的关系,在理论上每 4 个平台 24 口井中只有 2 口井在水平段共用同一个起点,只需微调就可解决相碰问题。这种模式相对于普通双排 6 口井的平台,井眼轨迹参数基本不用调整,兼顾了储层利用和井眼防碰的可操作性。

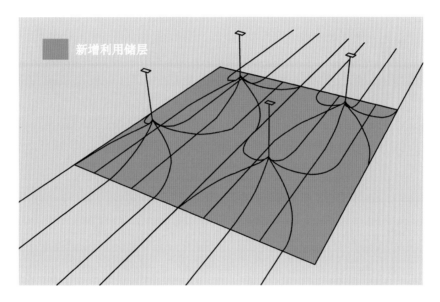

图 3.17　模式 2 的双排 6 口井平台交错式布井示意图

模式 3 对双排 10 口井的平台采用交错式布井,如图 3.18 所示。采用模式 2 的布井思路,但由于每个平台布井数为 10 口,使用两个平台就能达到模式 2 里 4 个平台的储层覆盖效果,成倍增加了储层面积覆盖。

如果保持每口井水平段长度一致,水平井眼部分井段间距将只有原来的一半,压裂时存在击穿的风险。因此需要调整水平段巷道的间距,以现有的压裂参数为基础,为保证压裂效果,同一平台水平巷道间距建议为

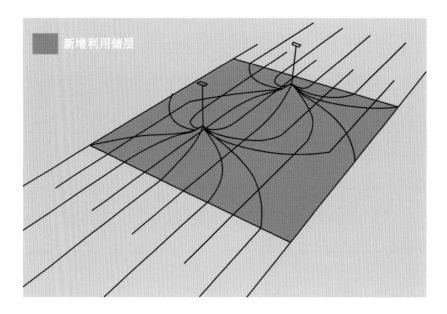

图 3.18　模式 3 的双排 10 口井平台交错式布井示意图

500~600 m,但此时造斜段长度将大为增加,工程费用和难度都将大大增加。因此建议每口井水平段长度不必保持一致,只需将穿越靶前距下方储层的井眼水平段缩短即可,避免水平巷道间距的大幅度调整。

第 **4** 章

页岩气储层改造技术

4.1 页岩气储层改造评价技术

目前全世界所开发的页岩气藏都属于"自生自储"气藏,页岩气储层既是烃源层又是储集层。原始状态下的页岩虽然天然裂缝发育,但因极其致密,所以渗透率极低,含气主要以吸附气为主,游离气为辅,必须经过人工干预,进行改造后方具有工业价值。在进行储层改造前,最重要的工作就是进行改造评价。在页岩气"水平井+多级压裂"开发模式中,改造评价的核心即为如何给水平段进行分段。

最直接的方式就是测井,通过地球化学、岩性、矿物组成等方法还原沿井筒方向地层的全面性质,主要以总有机碳含量、孔隙度、游离和吸附气量和脆性指数对储层进行分类,再以此为依据,评价储层的综合品质,见表4.1、表4.2。

表4.1 页岩气水平井储层测井分类评价标准

评价参数			分 类			备 注
指 标	单 位	I	II	III		
烃源岩	总有机碳含量	%	>3	2~3	<2	—
物性特征	孔隙度	%	>5	3~5	<3	孔隙型储层
			>4	3~4	<3	裂缝型储层
含气性	游离和吸附气量	m^3/t	>3	2~3	<2	—
岩石力学	脆性指数	%	>55	35~55	<35	—

表 4.2　页岩综合品质分类评价标准

指　　标	单项参数	单项分类后权重系数			综合品质		
	单项权重	I 权重	II 权重	III 权重	I	II	III
总有机碳含量	0.3	1	0.7	0.4	综合品质 ≥0.7	综合品质 ≥0.4	综合品质 <0.4
孔隙度	0.2	1	0.7	0.4			
含气量	0.3	1	0.7	0.4			
脆性指数	0.2	1	0.7	0.4			

根据测井数据计算全水平段的岩石力学参数(如杨氏模量、水平应力差异系数、泊松比),对储层进行粗分段。应当重点关注水平应力差异系数。研究表明,水平应力差异系数对裂缝的产生和扩展具有重大影响,该系数越接近于0,越有利于复杂缝网的形成,如图4.1所示。再利用测井斯通利波衰减指示和录井资料,沿井筒寻找通利波衰减最大、钻时较快、显示较高、三孔隙度和电阻率曲线变化明显的部分,预示着这里微细裂缝最发育,是分段的重要依据,如图4.2所示。

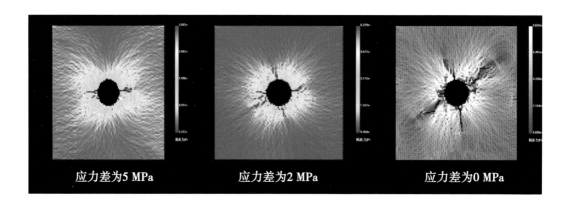

图 4.1 不同水平应力差异系数水力裂缝起裂延伸物模与数模结果

以测井资料为基础,结合录井、岩石力学实验资料,总结出一套水平段分段指标:总有机碳大于 3%、含气量大于 $3\ m^3/t$、孔隙度大于 5% 和脆性指数大于 55%,并考虑资源的最大利用率。

在实际分段时还应充分考虑以下几个方面:

①物性相近分为一段,力学性质相近分为一段;

②预测裂缝段单独分为一段,气候异常段单独分为一段;

③60~80 m 分段,20~30 m 分簇;

④优选高气测值、高孔隙度、高含气量、高脆性、高有机碳部位进行射孔;

⑤分段和射孔应避开高狗腿度位置,避开套管节箍位置,避开固井质量差位置,最终得到合理可行的分段压裂方案,如图 4.3 所示。

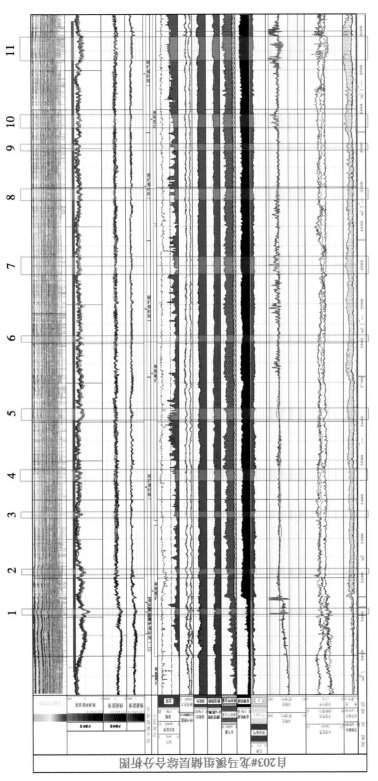

图4.2 某页岩气井水平段裂缝预测

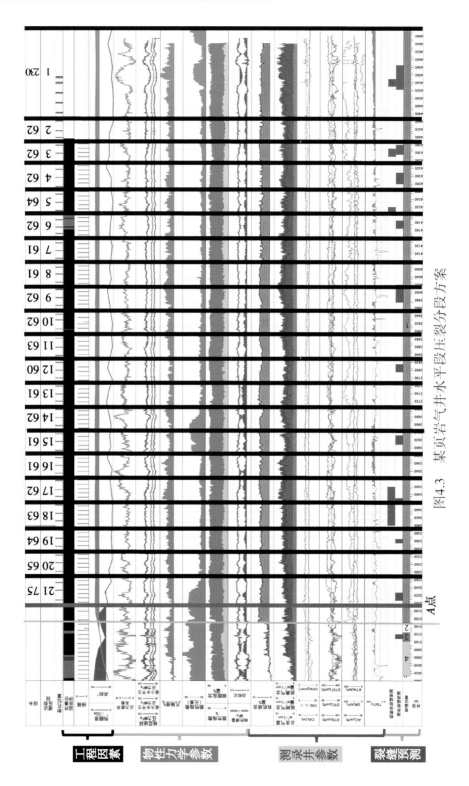

图4.3 某页岩气井水平段压裂分段分段方案

4.2　页岩气储层改造工艺技术

4.2.1　完井工艺技术

在进行储层改造之前,要确定水平井的完井方式。国外主流完井方式有裸眼完井和套管完井两种,两种方式的优缺点见表4.3。

表 4.3　裸眼完井和套管完井优缺点比较

完井方式	优　点	缺　点
套管完井	①技术成熟,有条件实现大排量大液量体积压裂 ②压裂无级数限制 ③可人为控制压裂起始部位 ④施工后可以实施动态测试和后期修井	①作业次数多、工序较复杂,通常需要钻磨桥塞 ②施工周期长,设备多 ③存在过顶风险,压裂液需求大
裸眼完井	①不需要固井和下套管,费用较低 ②一趟管柱能实现连续多级压裂施工,施工周期短 ③地层薄弱点起裂,破裂压力低	①压裂级数有限制 ②对井壁稳定性要求较高 ③"一次性"管柱,难以开展动态测试和后期修井 ④需要钻磨桥塞

　　川渝地区龙马溪组页岩层理发育,井壁垮塌风险高,地层构造复杂且非均值性极强,需要优选压裂部位。套管完井可有效避免完井和生产阶段发生井壁垮塌,适应龙马溪地层构造复杂且非均值性极强的地质条件,方便进行优化压裂设计,灵活控制压裂起裂部位。裸眼完井将裸眼封隔器完井管柱直接下入裸眼段,施工风险大;在坐封封隔器前,需要将高密度的钻井液顶替为完井液,这个过程可能会发生严重的井壁垮塌,影响封隔器坐封和后续的压裂施工;压裂结束后反排和稳定生产阶段,井壁无法保证稳定性,垮塌的岩石可能堵塞滑套,对后期生产带来影响。

　　目前针对水平井分段压裂工艺主要有水力喷射分段压裂、固井滑套分段压裂和速钻桥塞分段压裂等。

　　裸眼封隔器投球滑套多级压裂系统,如图4.4所示。一般采用可膨胀

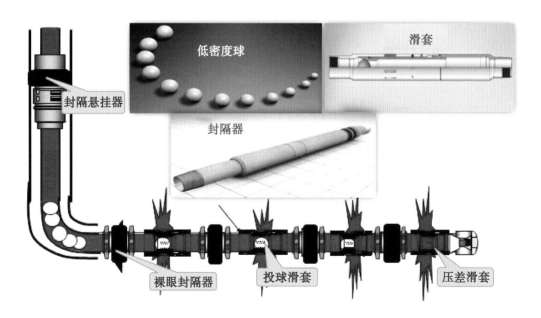

图4.4　裸眼封隔器投球滑套多级压裂

封隔器或者裸眼封隔器进行分段封隔,将水平井段分隔成若干段,水力压裂施工时水平段趾端滑套为压力开启式滑套,其他滑套通过投球打开,从水平段趾端第二级开始逐级投球,进行有针对性的分段压裂施工。其技术关键在于封隔器(压裂封隔器和可膨胀封隔器)、滑套可靠性和安全性,尤其是管外封压裂管柱的可膨胀封隔器和开启滑套的高强度低密度球材料决定技术的成功与否。

水力喷射多级压裂,如图 4.5 所示,是一种喷射流体在地层中形成裂缝的方法,通过油套环空泵入液体使压裂层压力小于裂缝延伸压力,射流出口周围流体速度最高,但压力最低,射流流体卷吸环空周围液体,一起进入地层驱使裂缝向前延伸,并且因为压裂层压力低于裂缝延伸压力,所以在

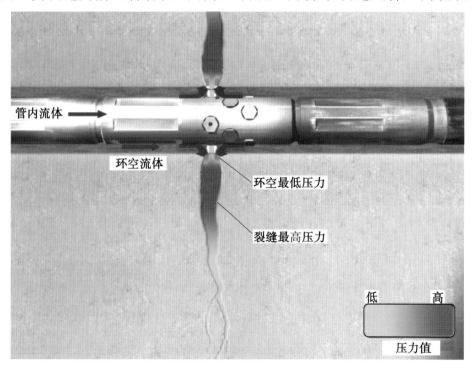

图 4.5 水力喷射多级压裂

喷射压裂下一层时,以前压开的层段裂缝不再延伸。水力喷射压裂技术可以在裸眼、套管完井的水平井中进行加砂压裂,可以用一趟管柱在水平井中快速、准确地压开多条裂缝,水力喷射工具可以与常规油管或连续油管相连接入井。

固井滑套是在固井时随套管一起入井的特殊工具,如图4.6所示。在每一层放置一个投球滑套作为压裂点,在下套管固井后,当投入特制的可溶性金属球打开滑套后,滑套所在位置即为压裂液的通道,开始压裂地层。可溶性金属球由可溶性工程金属材料制作,在时间、温度和完井液共同作用下逐渐溶解,最多可以压裂50级,压力等级达到68 MPa,温度等级达到148 ℃。通过投球开启,固井滑套可以极大缩短施工时间;压裂过程无须使用爆炸物射孔,更加安全;不受水平段长度限制,在超长水平井中也能表现优异;但压裂完成后井筒内有球座,需要全通径井筒时要将球座钻磨掉。

图4.6　固井滑套工具

全堵塞式桥塞多级压裂技术属于机械封堵分层压裂技术,如图4.7所示,具有分层压裂段数不受限制、压裂层位定位精确、封隔可靠性高等优点。速钻桥塞由复合材料或结合极少铸铁材料加工而成,带有井口投球或固定球笼式单流阀,允许在压裂后逐段及时返排压裂液;可以采用电缆、钢丝、连续油管或普通油管下井坐封,利用导鞋处皮碗、张力监测、液力泵送桥塞到达预定位置,并且具有出色的可钻性能,可以采用连续油管或普通油管携带普通三牙钻头、PDC钻头或磨铣工具快速钻掉,大大节省钻塞时间,减少长时间钻磨对套管的损坏以及压裂液长时间滞留对地层的二次伤害。桥塞钻磨后为后续作业和生产留下全通径井筒,其复合材料比重较小,钻磨后的碎块可随油气流排出井口。

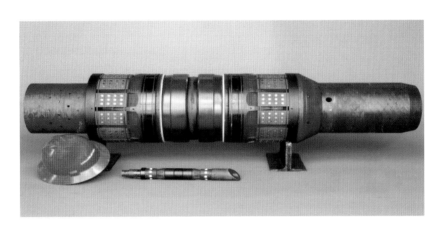

图4.7 速钻桥塞工具

除了速钻桥塞以外,还有一种免钻磨大通径桥塞,其内部有通道,当桥塞座封后,投可溶解球封堵通道。待一定时间后,球溶解消失,桥塞通道打开,无须钻磨,压裂后即可排液测试,由于具有大通径的特点,能够满足生产测井的要求。桥塞采用单卡瓦设计,结构简单可靠,压差等级为70 MPa,耐温204 ℃。另一组成部分的可溶性球的溶解性能直接决定了压裂施工的成败和后期井筒的通畅性。采用实际取得的返排液作为溶解介质,8 h后压裂球表面才开始发生变化,到20 h开始像鸡蛋壳一样层层均匀脱落,直到202 h才完全失去封堵作用。大通径桥塞具有大通径、可过流的特点,压裂后无须连续油管钻磨,桥塞可座封于更深的井深,可有效提高压裂段长度,满足深井水平井压裂作业要求。

各种类型水平井分段压裂工艺的适应性对比见表4.4。

表4.4　不同水平井分段工艺适应性对比表

工艺类型	大排量	分簇射孔	分段级数	压后井筒全通径	作业时效	完井方式
固井滑套分段压裂	能	否	受限	是	高	套管
水力喷射分段压裂	否	能	不受限	是	较高	套管/裸眼
裸眼封隔器分段压裂	否	否	受限	否	高	裸眼
速钻桥塞分段压裂	能	能	不受限	是	较低	套管

北美不同地区页岩气水平井分段压裂工艺运用情况见表4.5,电缆泵送桥塞分簇射孔分段压裂工艺在北美页岩气开发中应用最为广泛,是目前页岩气水平井完井压裂的主体工艺。

表4.5　北美不同地区页岩气水平井分段压裂工艺运用情况

工艺类型	Fayetteville	Barnett	Woodford	Marcellus	Bakken	HaynesVille	Eagleford
桥塞分段	75%	97%	98%	99%	40%	100%	99%
裸眼封隔器	25%	2%	2%	1%	60%	—	1%
水力喷射	—	1%	—	—	—	—	—

此外还有液体胶塞分段压裂工艺,可以代替封隔器等工具进行分段压裂改造,通过高强度的液体胶塞封堵不压裂的井段,然后对目的层进行压裂,压裂施工完成后,在控制时间内胶塞破胶返排。该工艺多用于解决复杂结构水平井、套管变形井、段间距过小、井下有落物等无法使用机械封隔器和其他分段改造工艺施工井的分段压裂难题。

但对于川渝地区的页岩气井压裂而言,需要满足大排量、分簇射孔、分段级数不受限制,尽可能降低作业费用和尽可能提高作业时效等要求。目前电缆泵送桥塞分簇射孔分段压裂工艺及工具均比较成熟,并在多口致密砂岩气藏及致密油水平井分段压裂中进行了应用,具有较高的可靠性及较好的经济性,绝大多数采用电缆泵送桥塞分簇射孔分段压裂工艺。目前使用的复合桥塞,能满足 120 ℃ 和 70 MPa 的井下条件,具有 "4-1/2" "5" "5-1/2" 3 种工具,能适应 5 种套管尺寸。将来为了提高作业效率,降低后期钻磨桥塞风险,还会加快大通径桥塞和固井滑套的推广工作。

4.2.2　射孔工艺技术

针对页岩气水平井,常用有 3 种射孔方式:连续油管传输射孔、电缆传输射孔和水力喷砂射孔。连续油管传输射孔常用于速钻桥塞分段压裂第一级压裂前的射孔,常规管串结构如图 4.8 所示。

电缆传输射孔和水力喷砂射孔可与速钻桥塞配合,进行桥塞坐封、射孔联作,常规管串结构如图 4.9、图 4.10 所示,其中电缆传输射孔在北美得到广泛应用。

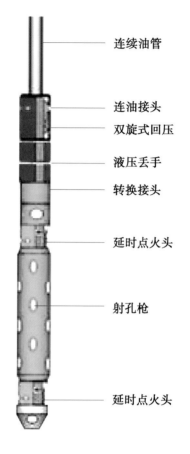

连续油管

连油接头

双旋式回压

液压丢手

转换接头

延时点火头

射孔枪

延时点火头

图 4.8　连续油管传输射孔管串结构

这三种射孔工艺的对比见表 4.6,由于"速钻桥塞+电缆传输射孔"联作操作简单,作业成本低,且施工效率高,适应页岩气水平井多级压裂施工作业,目前该技术已经成熟,且工具可靠,并在多口页岩气井中进行了应用,川渝地区常采用"速钻桥塞+电缆传输射孔"联作工艺作为主体射孔工艺,连续油管传输射孔作为补充工艺。

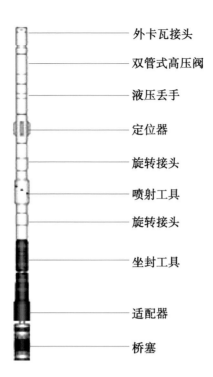

图 4.9　速钻桥塞+电缆传输射孔管串结构

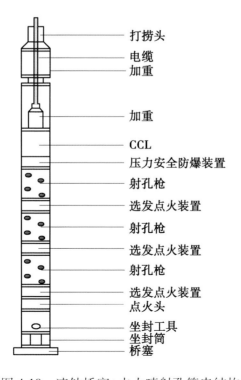

图 4.10　速钻桥塞+水力喷射孔管串结构

表 4.6　射孔工艺对比结果

工艺类别	操　作	风　险	作业时间	成　本	多级压裂适应性
连续油管传输聚能射孔	简单	小	短	低	不适应
"速钻桥塞+电缆传输射孔"联作	较简单	较大	短	较低	适应
"速钻桥塞+水力喷砂射孔"联作	复杂	较大	长	高	适应

　　射孔枪外径的选择至关重要,当间隙/枪外径大于 30%时,将会明显降低射孔弹的穿深和孔径的大小;射孔枪与套管的间隙过小,又容易造成卡枪等井下事故。如 139.7 mm×12.7 mm 套管,采用 89 枪射孔时,其枪套间隙及间隙/枪外径比基本满足要求,见表 4.7。

表 4.7　不同枪型与套管匹配情况

套管尺寸/mm	射孔枪尺寸	枪套间隙/mm	间隙/枪外径比(射孔枪居中)/%	间隙/枪外径比(最大偏心)/%
139.7	73	41.3	56.6	113.2
	89	25.3	28.4	56.9

　　川渝地区页岩气储层埋深为 2 500~3 500 m,地层温度为 90~120 ℃,射孔弹装药类型与井下滞留时间的关系见表 4.8。RDX 射孔弹适用于

130 ℃下最大滞留时间 24 h 的要求,可以满足射孔要求,推荐采用 RDX 炸药的射孔弹。在电缆传输射孔时,采用电子点火射孔,管串结构一般为:桥塞+桥塞工具+接头+射孔枪+点火头+CCL 测井仪器+加重杆+打捞帽+电缆;在连续油管传输射孔时,采用压力引爆射孔,管串结构一般为:枪尾+射孔枪+母接头+起爆器+筛管+丢手+接头+连续油管。

表 4.8　不同炸药类型的适用条件

炸药类型	使用温度及滞留时间
RDX	160 ℃,2 h　130 ℃,24 h
HMX	200 ℃,2 h　170 ℃,24 h
PYX	300 ℃,2 h　274 ℃,24 h

　　页岩气水平井压裂射孔参数的确定以有利于形成复杂缝网为目的,射孔参数主要依据施工排量、单孔排量、孔眼摩阻以及孔眼效率等因素进行设计。射孔应选择录井气测显示好、总有机碳含量较高、测井解释孔隙度较高、天然裂缝发育部位、岩石脆性高、地应力值低为射孔位置,易于裂缝启裂与扩展;破裂压力差异较小且低地应力、脆性指数高、物性相当、岩性变化小、高弹性模量低泊松比的部位,应力相对稳定,确保各簇裂缝延伸平衡;固井质量好,确保射孔段避开岩性界面和接箍位置。

　　根据不同施工排量和射孔孔眼数的孔眼摩阻图版,不同施工排量和射孔孔眼数的单孔流量图版如图 4.11、图 4.12 所示。一般而言,为了保持裂缝中的净压力,每个孔眼的注入流量一般要保持在 0.15 ~ 0.30 m^3/min。

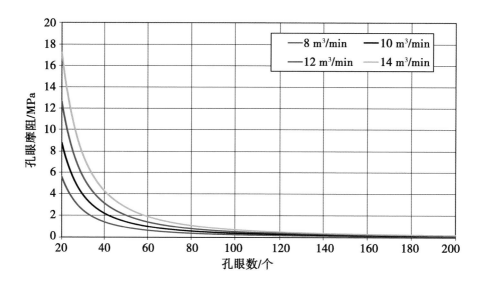

图 4.11 不同施工排量和孔眼数的孔眼摩阻图版

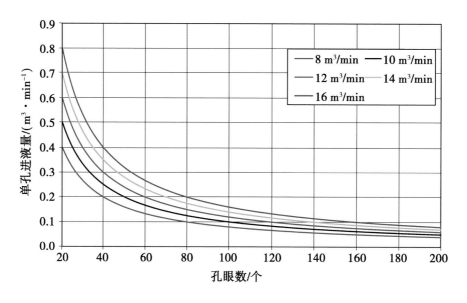

图 4.12 不同施工排量和孔眼数的单孔流量图版

按照每段射 48 孔,施工排量为 12~15 m³/min,根据孔眼摩阻计算,单孔流量为 0.25~0.31 m³/min,有利于缝间干扰,满足形成复杂裂缝的需要。每段级间距一般为 60~80 m,段内按照均匀分段考虑,主体选择每段分 3 簇射孔的方案,簇间距为 15~20 m,射孔段长度为 1.0 m,孔密为 16 孔/m,相位角为 60°。对于套管完井而言,采用电缆泵送桥塞分簇射孔分段压裂工艺第一段压裂时由于井筒与地层间无通道,因此不能采用电缆泵送的方式进行射孔。第一段压裂常采用连续油管带射孔枪进行射孔作业,由于连续油管射孔采用液压起爆方式,连续油管一次入井一般仅能满足射 2 簇的要求,为了提高作业效率,对于第一段采用分 2 簇,射孔段长度为 1.5 m,总孔数为 48 孔,推荐射孔参数见表 4.9。

表 4.9 水平井分段压裂各段射孔参数推荐

段	射孔簇数	孔密/(孔·m⁻¹)	相位/(°)	射孔长度/m	总孔眼数	施工排量/(m³·min⁻¹)	单孔流量/(m³·min⁻¹)
第 1 段	2	16	60	1.5	48	12~15	0.25~0.31
其余段	3	16	60	1	48	12~15	0.25~0.31

射孔液一般采用 1%KCl 溶液、清水或压裂用滑溜水,满足带压作业和储层保护要求。

在川渝地区页岩气普遍运用的分段多级分簇射孔工艺,具备数码程控多级点火技术、智能选发射孔器技术、高压深井长水平段泵送技术、高压动密封电缆防喷配套技术,能够满足温度为 140 ℃、压力为 140 MPa 的井下环境,适用于 5 种套管尺寸,一次下井射孔簇数最高可达 8 簇。

4.2.3　压裂液技术

压裂液是压裂过程中的最重要的部分,起到传递压力、形成和延伸裂缝、携带支撑剂的作用,压裂液性能的好坏直接影响压裂作业的成败,按不同阶段主要发挥以下三方面作用。

(1)前置

用于形成和延伸压裂缝,为支撑剂进入地层而建立必要的空间,降低地层温度以保持压裂液黏度。

(2)携砂

进一步延伸压裂缝,将支撑剂带入压裂缝的预定位置充填裂缝。

(3)顶替

将井筒内携砂液全部顶入压裂缝避免井底沉砂。

压裂液体系的选择主要根据储层的特征和改造目的,性能必须满足:有效悬浮和输送支撑剂到裂缝深部;与地层岩石和地下流体配伍;滤失量少;低摩阻降低施工泵压;低残渣、易返排,降低对生产层的污染和对填砂裂缝渗透率的影响;热稳定性和抗剪切稳定性,保证压裂液不因温度升高或流速增加引起黏度大幅度降低。页岩储层脆性较好,层理发育,根据压裂液的选择原则,如图 4.13 所示,滑溜水是一种优秀的压裂液体系。

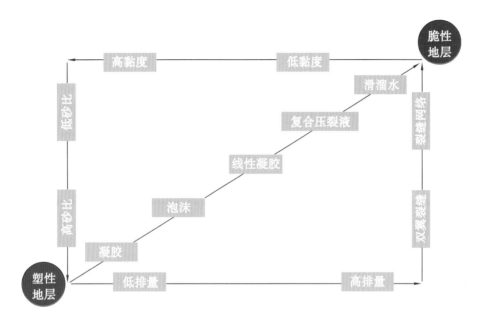

图 4.13 压裂液选择图版

在国外的应用中,运用微地震监测对比胶液和滑溜水压裂后形成的裂缝形态,采用滑溜水压裂后形成了复杂裂缝,而运用胶液形成的裂缝方向性较好,如图 4.14、图 4.15 所示。

川渝地区主要的龙马溪组储层水平两向主应力差异一般比较大,是形成网状裂缝的不利因素,若采用胶液压裂,更不易形成复杂缝网。川渝地区页岩气一般采用滑溜水作为压裂液体系,这是在清水压裂的基础上发展完善起来的一项工艺,目的是形成更密布的网状裂缝,有利于致密页岩储层内气体流动,与水平井配套可以形成相当大范围的泄油面积。滑溜水体系采用在线方式配制,随用随配,减阻剂溶解速率快,减阻效果明显,能够较大地降低井口施工压力,有利于压裂作业安全顺利进行。不仅能适应各

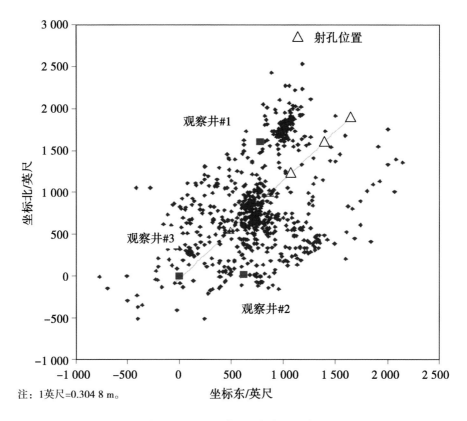

注：1英尺=0.304 8 m。

图4.14　滑溜水压裂裂缝形态

类型地表水水质如水库水质、河水水质等,而且能适应矿化度较高的井底返排水水质,其减阻性能基本保持不变。配制时通常使用减阻剂及表面活性剂、阻垢剂、黏土稳定剂、杀菌剂、破胶剂、防膨剂等添加剂,见表4.10,如图4.16所示,其中减阻剂为能够实现连续混配的合成高分子乳液,黏土稳定剂、助排剂能有效保护储层,杀菌剂能够有效地消除硫酸岩还原菌繁殖对水质和储层物性的伤害。

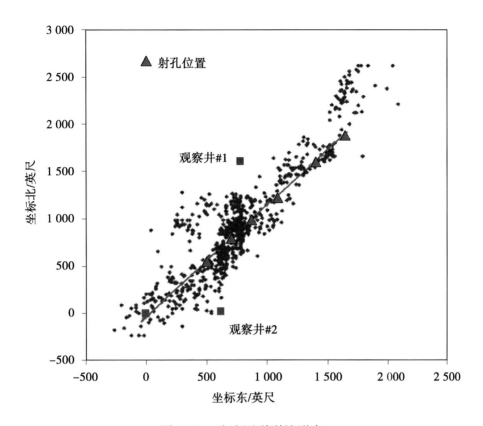

图 4.15　胶液压裂裂缝形态

表 4.10　滑溜水添加剂种类和作用

添加剂类型	主要化合物	作　用
酸	盐酸	有助于溶解矿物和造缝
抗菌剂	戊二醛	清除生成腐蚀性产物的细菌
破乳剂	过硫酸铵	使凝胶剂延迟破裂
缓蚀剂	甲酰胺	防止套管腐蚀
交联剂	硼酸盐	当温度升高时保持压裂液的黏度

续表

添加剂类型	主要化合物	作　用
减阻剂	原油馏出物	减小清水的摩擦因子
凝胶	瓜胶或羟乙基纤维素	增加清水的浓度以便携砂
铁控制剂	柠檬酸	防止金属氧化物沉淀
防塌剂	氯化钾	使携砂液卤化以防止流体与地层黏土反应
pH 调整剂	碳酸钠或碳酸钾	保持其他成分的有效性,如交联剂
防垢剂	乙二醇	防止管道内结垢
表面活性剂	异丙醇	减小压裂液的表面张力并提高其返回率

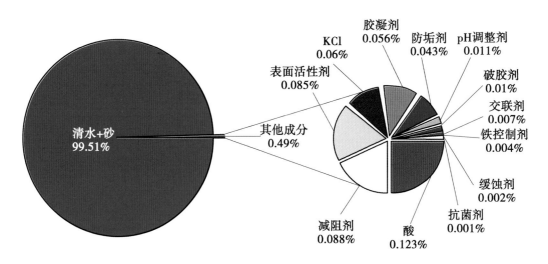

图 4.16　某滑溜水体系的典型配方

其主要性能参数见表4.11,具有速溶增黏、剪切稳定性好、低摩阻、无残渣、低表面张力、易返排等特点。

表4.11 滑溜水综合性能参数

项 目	指 标
pH 值	6~9
运动黏度/$(mm^2 \cdot s^{-1})$	≤5
表面张力/$(mN \cdot m^{-1})$	<28
界面张力/$(mN \cdot m^{-1})$	<2
结垢趋势	无
SRB/$(个 \cdot mL^{-1})$	<25
FB/$(个 \cdot mL^{-1})$	<10^4
TGB/$(个 \cdot mL^{-1})$	<10^4
破乳率/%	≤95
配伍性	室温和储层温度下均无絮凝现象,无沉淀产生
降阻率/%	≤70
排出率/%	≤35
CST 比值	<1.5

4.2.4 支撑剂技术

页岩压裂过程中存在一种剪切滑移过程,剪切过程产生的剪切裂缝即使在闭合情况下也具有一定的导流能力,如图 4.17 所示。室内实验结果,页岩裂缝即使在无支撑剂的情况也具有一定的导流能力,如图 4.18 所示。

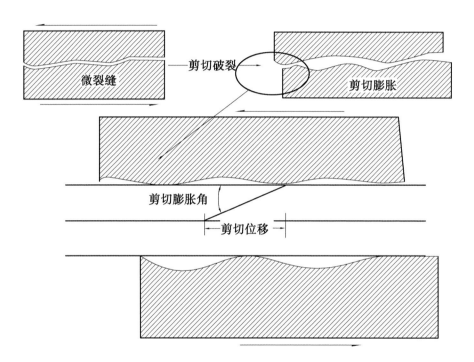

图 4.17　页岩压裂过程中剪切滑移示意图

北美的页岩气压裂改造多选用小粒径、低砂浓度的加砂模式。根据室内试验和北美页岩气的经验,川渝地区页岩气压裂支撑剂采用"70/140 目石英砂+40/70 目陶粒",其中 70/140 目石英砂打磨孔眼、暂堵降滤,并支撑微裂缝;40/70 目陶粒进入地层深部,利用暂堵、转向、支撑作用形成复杂裂

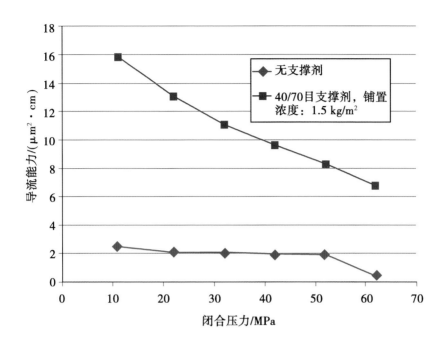

图 4.18 不同闭合应力下导流能力关系

缝,可以在压裂后期加入少量 30/50 目大颗粒支撑剂提高近井地带的导流
能力,见表 4.12。

表 4.12 川渝地区主要页岩气区块和北美主要页岩气区块支撑剂组合对比

区　块	支撑剂类型及组合
威远	70/140 目石英砂+40/70 目陶粒
长宁	70/140 目石英砂+40/70 目陶粒 70/140 目陶粒+40/70 目陶粒+30/50 目陶粒
黄金坝	70/140 目石英砂+30/70 目陶粒+18/40 目陶粒 70/140 目陶粒+40/70 目陶粒

续表

区　块	支撑剂类型及组合
富顺	70/140 目石英砂+40/70 目陶粒
焦石坝	70/140 目粉陶+40/70 目覆膜砂或陶粒+30/50 目覆膜砂或陶粒
Barnett	100 目+40/70 目+30/50 目石英砂
Eagle Ford	100 目+40/70 目+30/50 目石英砂
Marcellus	100 目+40/70 目+30/50 目石英砂
Haynesville	100 目+40/70 目+30/50 目陶粒

对压裂过程中不利的裂缝扩展延伸,可以采用暂堵剂实时处理,提高裂缝波及储层面积,见表4.13。

表 4.13　暂堵剂使用对策

表　现	原　因	对　策	操作方法	用量/kg
裂缝扩展两翼不均衡	储层非均质性、射孔、地应力等使裂缝在一侧过度延伸,另一侧延伸不充分	在中期较大剂量集中投送暂堵剂,限制优势一侧延伸,使裂缝扩展能量向另一端分配	1 次投送	300~400
裂缝横向过度扩展	近井筒存在天然裂缝或诱导裂缝,裂缝在沿井筒或平行井筒方向过度扩展	初期一次或分级封堵,暂堵横向扩展优势通道,使裂缝向纵深延伸	1~2 次投送	100~200

续表

表　现	原　因	对　策	操作方法	用量/kg
天然裂缝控制	局部微断层或裂缝发育	对不利延伸情况,即时封堵	1 次投送	300~400
相邻段裂缝已压开天然裂缝带	裂缝延伸沟通	前期分级投送暂堵剂封堵控制	1~2 次投送	100~200
裂缝响应点集中	延伸扩展受限,净压力不足以维持裂缝进一步有效延伸	中期分级投送暂堵剂,实时提升、调整缝内净压力,促使裂缝延伸	2~3 次投送	100~200

4.2.5　压裂施工技术

页岩储层压裂总体以扩大波及体积,形成复杂裂缝为目标,采用"大液量、大排量、大砂量、低黏度、小粒径、低砂比"的改造模式。根据各改造段的储层地质特征,采用"一段一策"的方案,达到体积压裂的目的,如图 4.19 所示。北美页岩气水平井压裂实践表明,水平井分段压裂总的趋势为分级数逐渐上升,但每级的改造长度逐渐减少,单级长度 80~120 m 是其页岩气压裂近年主要趋势,见表 4.14。在缝高一定的情况下,注入液量与缝长呈一定正相关关系,川渝地区施工规模一般为每段压裂液量 1 000~2 000 m^3,每段支撑剂量 100~200 t,提高施工排量有利于形成复杂裂缝,可在施工控制压力范围内尽可能提高施工排量至 12~15 m^3/min;较低的铺砂浓度也能满足导流能力需求,前期施工最高砂浓度为 $240\sim280\ kg/m^3$,主体最高砂浓度为 $260\ kg/m^3$,现场施工满足条件可适当提高砂浓度。

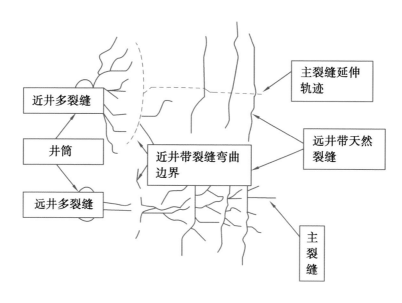

近井多裂缝

井筒

远井多裂缝

近井带裂缝弯曲边界

主裂缝延伸轨迹

远井带天然裂缝

主裂缝

图 4.19　页岩气体积压裂示意图

主压裂之前进行 DFIT(Diagnostic Fracture Injection Test) 测试,可以获取许多有用的地层参数储层信息,如压裂设计参数破裂梯度、闭合压力、地层压力和有效渗透率,可用于储量估算,分析生产压力、产量数据,评估压裂效果。但是页岩储层渗透率非常低,在地层破裂后为了观察到拟径向流,关井可长达 $4\sim7$ 天。在此期间,要保证操作条件的稳定,避免造成对压力数据的干扰,需要遵循以下一些原则:泵入体积要小,不能大排量下进行 DFIT,如果泵入体积过大,关井时间会更长;井筒里不能有气体,如果有气体,需要将气体循环出来,且要将井筒灌满清水;在井底下入压力传感器,可以避免井筒储存的影响,记录的压力不受地面温度的影响。DFIT 测试的泵注程序见表 4.15。

表 4.14　国内外主要页岩气区块压裂参数

	Barnett	Haynesville	Marcellus	长宁	威远	昭通	焦石坝	富顺
平均垂深/m	2 234	3 640	2 114	2 847	3 897	2 767	2 500	3 700
水平段射孔跨度/m	850	1 327	1 015	1 500	1 500	1 500	1 500	920
段间距/m	137	99	84	87	92	75	65~100	80~120
平均排量/($m^3 \cdot min^{-1}$)	11.7	11.3	13.3	10~14	10~14	8~10	12~14	11
平均段数	6	13.3	12	15	15	16	15	8
单段压裂液量/m^3	2 720	1 590	1 590	1 845	2 086	1 778	1 805	1 160
每段支撑剂量/t	129.7	162.3	181.2	100.3	93	60	90	96
每口井支撑剂量/t	687.2	2 120.8	2 007.4	1 543	1 356	990	1 424	788

表 4.15　DFIT 测试泵注程序

步骤	排量/($m^3 \cdot min^{-1}$)	注入时间/min	累计体积/m^3
1	0.5	2	1
2	0.7	5	4.5
3	停泵,记压降 120 h 以上		

在压裂前期注入稀盐酸进行预处理,可溶蚀固井污染物及地层灰质矿物,有助于降低施工压力,每级施工前一般注入 10~20 m^3 的酸液(酸液配比:15%~20%HCl+2.0%缓蚀剂+1.5%助排剂+1.0%黏土稳定剂+1.5%铁离子稳定剂)。针对天然裂缝发育段,在前置液中注入一定量胶液。压裂过程中主要采用段塞式注入加砂方式,每段加砂完毕,注入 40 m^3 胶液清洁井筒,确保泵送桥塞及射孔作业顺利。施工过程中要控制施工压力,不得超过试压值,同时保持排量稳定。对油层套管水泥返至地面的井,为确保技术套管安全,施工时需监测技术套管和油层套管间的压力或补充平衡压力,施工前需接好环空卸压管线,并安装带有远程传感器的压力表和定压阀或安全阀,施工期间监控套管环空压力。压裂中要求砂浓度提升平稳,不允许有大幅波动。

施工过程中可根据压力响应情况对泵注程序、砂浓度、段塞及冲洗量长度等进行调节。对于泥质含量高、应力相对较大的井段应适当提高前置胶液用量,提高射孔簇的压开程度,提升净压力,从而克服层理和水平缝的影响,有效切割页岩储层,确保缝高扩展和主缝有效形成。压裂时滑溜水和活性胶液多级交替注入模式能有效处理近井复杂情况,提升净压力。交替注入会产生黏度指进效应,有助于制造复杂立体缝网。压裂过程中结合与粒径匹配的暂堵剂,优化前置胶液用量和注入模式,充分利用储层的非均质性,人为控制优先进液的射孔簇裂缝的延伸,迫使井底压力升高,达到其他射孔簇的开启条件,使得多簇裂缝相对均衡扩展,达到体积压裂的目的。对于加砂难度高的井,采用降低总用砂量、增加粉砂比例、提高前置液、降低砂浓度等方法降低砂堵风险。对压力波动大,砂浓度敏感的地层,根据情况可增大冲洗量,缩短段塞长度,降低砂浓度等防止砂堵。总之,压裂泵注程序并不是一成不变的,而是要根据储层特征和施工情况进行针对性设计,见表 4.16。

表 4.16　不同储层的针对性泵注程序

储层特征	泵注程序
脆度较高 天然裂缝较发育	①滑溜水+段塞式加砂 ②胶液造缝+滑溜水段塞+胶液连续加砂
中等脆度 天然裂缝局部发育	①滑溜水+段塞式加砂 ②线性胶造缝+滑溜水段塞+线性胶连续加砂 ③胶液造缝+滑溜水段塞+胶液连续加砂
脆度较高 天然裂缝发育	①线性胶造缝+滑溜水段塞+线性胶连续加砂 ②滑溜水+段塞式加砂

为了缩短投产周期、降低投资成本,提高效率,采用拉链式压裂模式或"拉链+同步压裂"这两种工厂化的作业方式,如图 4.20 所示。

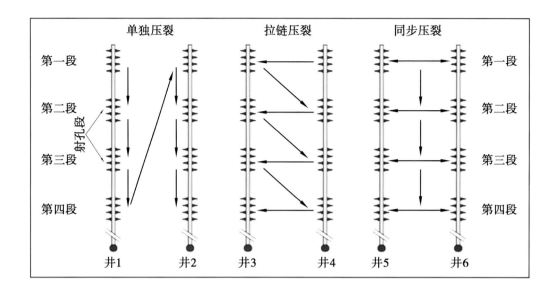

图 4.20　压裂模式对比示意图

拉链压裂采用一套车组对两口井交互施工、逐段压裂;同步压裂两套车组同时压裂。对比两种工厂化作业方案,见表 4.17,同步压裂对施工设备、施工场地和供水等要求很高,实施难度较大。

表 4.17　拉链式压裂与同步压裂对比表

作业方案	压裂车组	施工场地	日用水量/m³	日施工段数
拉链式压裂	1	90 m×76 m	7 500	4
同步压裂	2	162 m×76 m	15 000	8

拉链式压裂施工工序,如图 4.21 所示,首先将所有施工井第一段射孔,选取两口井,1 井送桥塞时,2 井压裂;2 井压裂时,1 井送桥塞,它们同时进行,其中桥塞射孔联作 3~4 h,压裂施工 2.5~3 h。

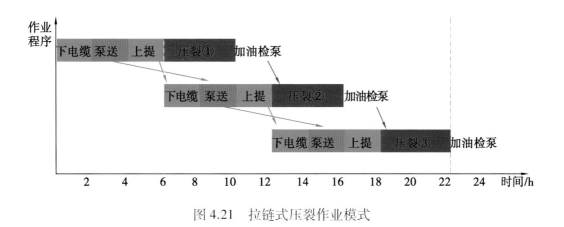

图 4.21 拉链式压裂作业模式

川渝地区页岩气平台拉链式体积压裂的压裂设备包括连续泵注系统、连续供砂系统、连续配液系统等,见表 4.18、图 4.22、图 4.23。

表 4.18 拉链式压裂压裂车组设备配置表

设 备	参 数	规格/数量
压裂车	>2 232 kW	3000/2500 型 ≤15 台
高低压管汇	105 MPa	≤2 套
仪表车	计量误差不大于 1%	≤2 台
混砂车	供液速度不低于 14 m^3/min	2 台
混配车	供液速度不低于 14 m^3/min	2 台
供液泵	供液速度不低于 14 m^3/min	≤2 台
压裂液罐	总容积不小于 1 600 m^3	16 个
砂罐	总容积不小于 220 m^3	10 个
酸罐	总容积不小于 200 m^3	10 个

续表

设　备	参　数	规格/数量
配酸车	供酸速度不低于 10 m³/min	≤2 台
发电机	—	2 台
25 t 吊车	—	2 台
支撑剂运输车	—	据砂量定
酸液运输车	—	据酸量定
油料补给车	—	每天 6 台
交通车	—	6 台
井口六通	—	2 个
特殊高压分配器	—	2 个

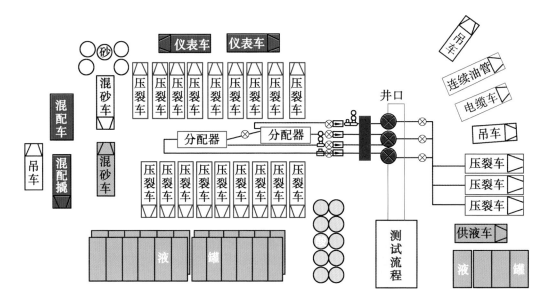

图 4.22　页岩气平台体积压裂现场布置示意图

图 4.23 速钻桥塞分段压裂专用井口装置

连续泵注系统包括压裂泵车、混砂车、仪表车、高低压管汇、各种高压控制阀门、低压软管、井口控制闸门组及控制箱。压裂泵车以 2 232/1 860 kW 为主,如图 4.24 所示。混砂车、混配车、供液泵的供液速度要大于 14 m³/min;高低压管汇上安装增压泵(由独立柴油机带动),可以解决混砂车远离泵车时供液压力不足的问题。高低压管汇使用的是高压主管线,可

图 4.24 大马力压裂泵车

以大大减小管线的磨损,延长使用寿命,保证压裂的连续性。

连续供砂系统主要由砂罐、大型输砂器、密闭运砂车、除尘器组成。砂罐单个容量大,特别适用于大型压裂,可以实现大规模连续输砂,且自动化程度度高。采用双输送带、独立发动机、密闭运砂车单次拉运与巨型固定砂罐连接后,利用风能把支撑剂送到固定砂罐中;除尘设备与巨型固定砂罐顶部出风口连接,把砂罐里带粉尘的空气吸入除尘器中进行处理。

连续配液系统以供液车为主,由液体添加剂车、液体胍胶罐车、化学剂运输车、酸运输车等辅助设备构成,如图 4.25 所示。供液车是用于将液体或减阻剂及其他各种液体添加剂稀释溶解成压裂液的设备,自带发动机可实现连续配液,适用于大型压裂。其他辅助设备把压裂液所需的各种化学药剂泵送到供液车的搅拌罐中。

图 4.25　连续混配装置

连续供水系统由水源、供水泵、污水处理机等主要设备及输水管线、水分配器、水管线过桥等辅助设备构成,如图 4.26 所示。水源来自工区河流、水库,修建公共供水管线,采用多平台共用储水池(返排液回收池),同时每个平台修建一个容积为 7 000~10 000 m^3 的储水池。

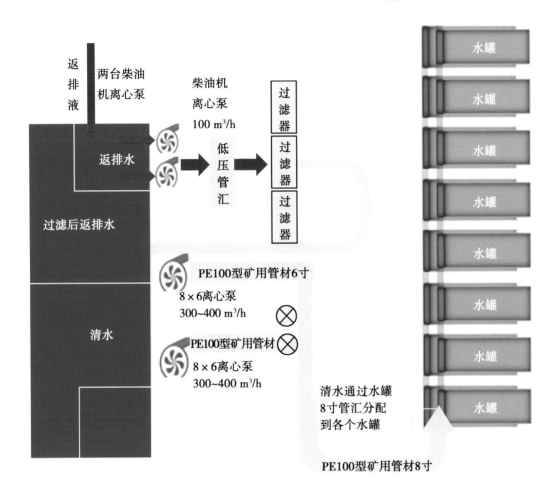

图 4.26　连续供水系统

拉链式压裂和同步压裂施工对供水能力的要求见表 4.19。

表 4.19　拉链式及同步压裂供水能力要求

作业方案	单段用水量/m³	日施工段数	日用水量/m³	日供水量/(m³·d⁻¹)	储水池容积/m³	供液排量/(m³·min⁻¹)
拉链式压裂	1 800	4	7 200	10 000	8 000	12~15
同步压裂	1 800	8	14 400	18 000	16 000	24~20

在压裂返排液回收池沉降后通过过滤装置及转水泵将返排液转入储水池,进行处理后,在后续平台压裂时重复利用,重复利用率达到70%,处理流程如图4.27所示。污水处理机用来净化压裂放喷出来的残液水,主要是利用臭氧进行处理沉淀后重复利用。

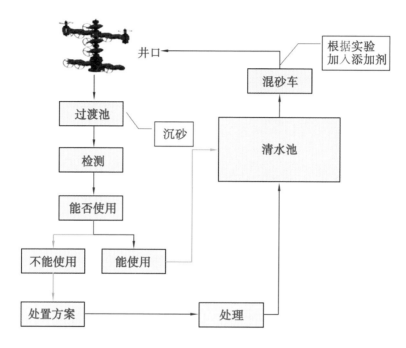

图 4.27　压裂返排液处理流程

4.2.6　压后测试技术

采用速钻桥塞施工方式时,在压裂施工结束后,为了获得全通径井筒,需要进行钻磨桥塞作业。目前在川渝地区的主流模式是采用连续油管钻磨,部分页岩气水平井连续油管钻磨桥塞情况见表4.20。

连续油管钻磨桥塞施工组织方便,技术成熟,井口控制压力高,作业时间短,成本低,但深井钻磨施工难度大,井下出现复杂情况时处理能力相对较弱。常用的连续油管钻磨工具组合一般为:"连续油管+复合接头+单流阀+液压丢手+震击器+螺杆+磨鞋",一般采用2寸连续油管,磨鞋尺寸根据桥塞的尺寸来具体确定。连续油管钻磨施工液体要求低摩阻、悬浮能力好、清洁、无固相、性能稳定,以此作为原则对现场不同钻磨液体进行排序为:压裂基液、胶液>滑溜水>盐水、清水>回收液、返排液。在实际钻磨中推荐采用滑溜水,可以进行循环使用。定点循环泵注胍胶液后,采用滑溜水循环进行钻屑返排。

表 4.20　连续油管钻磨情况统计表

井序号	平均每只桥塞用时/h	每只桥塞纯钻时间/min	每只桥塞循环洗井、钻磨井下工具时间/h
1	2.9	84	1.16
2	2.56	117.5	0.6
3	1.6	47.8	0.8
4	1.38	51.5	0.5
5	2.42	30	1.92

地面流程为:放喷管线→钻屑捕集器→节流管汇→回收罐→调配罐→分配器→供液车→压裂车/700型→泵入连续油管,主要用于正常钻磨液循环和钻屑收集。核心的设备包含一套装有多层阻流器的节流管汇,一个附加的碎屑捕集器,如图4.28所示。钻磨桥塞期间捕屑器能够捕获5 mm及

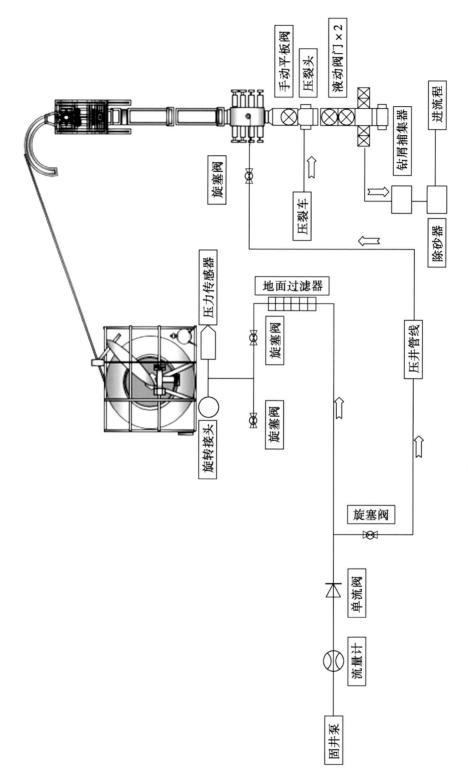

图4.28 连续油管钻磨桥塞地面流程图

以上桥塞碎片,除砂器可以除去 200 μm 以上沙粒碎片。返排期间通过流程使用油嘴进行降压,回压控制,实现有控条件下的返排。整个流程在油嘴管汇、分离器处预留了取液样接口,可以根据实际情况在不同的地方进行取样化验;在分离器预留天然气取样接口,可以在此处取高、低压气样和常规气样。在井口和油嘴管汇台之间的紧急关断阀,可实现除井口以外地面流程发生超压、刺漏等意外情况时的紧急关井。利用数据传送器自动采集压力、温度和产量,利用数据采集系统可实现地面测试压力、温度和产量的自动采集和存储。分离器自带有丹尼尔流量计,能够在不关井的条件下更换孔板,保证测试计量的连续性。在油嘴管汇台处,预留了压裂车的连接入口,便于压裂车压井、试压等作业。该流程还能与生产输气撬进行连接,可随时实现临时试采。

钻塞作业时循环排量要达到一定的要求才能把桥塞携带到地面,同时地面回压必须控制在一定范围之内,以保证桥塞之上已经完成加砂压裂施工的产层流体不会涌入井筒,钻塞作业需要在排量和回压控制之间找到一个动态平衡。钻塞期间,必须警惕桥塞钻通的瞬间桥塞以下的压力快速上窜引起地面压力失控。钻桥塞期间利用捕屑器、滤砂器对返排碎屑进行捕获和计量。在数据采集系统中密切观察捕屑器和滤砂器的上下游压差变化,当捕屑器上下游压差超过 2.5 MPa 时,应立即清理捕屑器。钻磨桥塞期间通过地面流程控制回压,计量返排液,监测地层出砂情况。

在达到闷井时间要求后(一般为 5 天),可以进行排液工作,总体原则是采取"控制、连续、稳定"的排液方式,控制支撑剂的回流,达到排液连续、井口压力相对稳定的目的。初期应采用不大于 3 mm 的油嘴开井控制排液,连续排液 24 h 以上,观察井口压力、排液、出砂及见气等情况。整个排液过程保持连续稳定,避免压力、排液速度的突然变化。观察关键参数变化,若井口压力、监测气量及产水量相对稳定,没有明显出砂等情况时,应以 1 mm 的级差放大油嘴,每级油嘴连续排液时间应不短于 24 h。当生产制度发生变化需要减小油嘴时,应以 1 mm 的级差减小油嘴。排液期间若没有出砂或滤砂器出砂较少时,保持油嘴大小不变。若连续 4 h 出砂量较大或滤砂器持续显著出砂,将油嘴减小 1 mm。当出现异常关井后再次开井时,初期用 3 mm 的油嘴,在没有显著出砂或其他异常情况时,以不高于每小时 2 mm 的速度逐级放大油嘴。优先采取控制放喷排液方式,但若井口压力降为零,可优选合适的排采工艺排液。

当产液量小于 10 m^3/h、井口压力基本稳定时,进入测试求产阶段,可采用临界速度流量计或标准孔板流量计进行计量。当临界速度流量计求产时,孔板直径应在流量计内径的 20% ~ 60%。稳定求产的要求见表4.21。

表 4.21　川渝地区页岩气测试稳定求产要求

测试产量/($10^4 m^3 \cdot d^{-1}$)	>50	50~20	20~5	<5
稳定时间/h	2	4	8	12
压力波动/MPa	0.5~1	0.5~1	0.5~1	0.5~1
产量波动/%	<5	<5	<5	<5

4.3　页岩气储层改造监测技术

为了有效评估储层改造效果,需要在压裂的同时开展监测工作,通过观测、分析生产活动中所产生的微小地震事件来监测生产活动的影响、效果及地下状态,如图 4.29 所示。

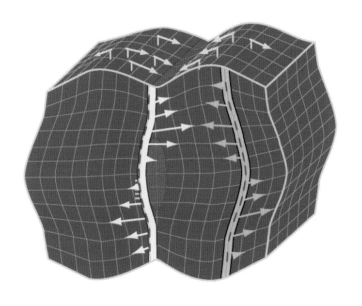

图 4.29　微地震监测测量原理示意图

微地震监测的基础是声发射学和地震学,将一种能够保证实时数据采集的三分量地震接收系统,以大级距的排列方式,多级布放在压裂井旁的一个邻近井或附近地面中,反演水力裂缝形态、尺寸,接收由压裂导致地下岩石断裂所产生的微地震信号,采用测斜仪测量由于产生裂缝引起的岩石微小形变(精度为 10^{-9} rad),经过资料处理得到裂缝的空间位置,微地震裂缝监测主要包括数据采集、震源成像和精细反演等几个关键步骤,通过对压裂造成的极小微地震事件探测、定位和分析,反演水力裂缝形态、尺寸来测定水力裂缝形态、方位、倾角和裂缝长度与高度,了解人工裂缝走向和几何形态,为压裂方案的实时调整及改造方案进一步优化提供依据,现场实时处理解释流程示意图如图4.30所示。

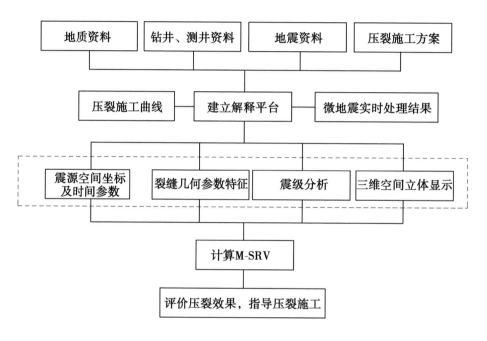

图4.30　现场实时解释流程示意图

目前微地震监测主要有井下微地震及地面微地震监测两种方式,两种监测的优缺点见表4.22。

井下微地震监测是观察裂缝形成位置的最佳方法,如图4.31所示,通过井下微地震监测可以较为准确地观察到压裂裂缝几何形态和延伸方向,具有实时监测功能,有助于及时调整压裂方案,提高改造效果。在具备条件时首选井下监测,其次选择地面微地震监测工艺。

表 4.22　井下及地面微地震监测技术特点对比

监测方式	优　点	缺　点
井下微地震	①靠近震源,能接收更多信号,测量准确性高 ②可提供实时监测,便于方案及时调整	①对监测井有井距要求,需要停产 ②成本高,难以大面积广泛应用
地面微地震	①节约成本,施工要求简单,无损害井筒风险 ②可提供源机理解释	①距离震源远,接收信号少 ②检波器和采集器要求高 ③信噪比高对数据处理技术要求高 ④要求站点数量多

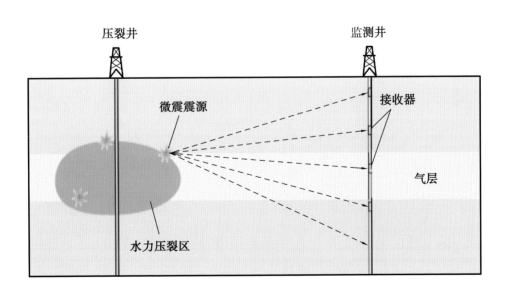

图 4.31　井下微地震监测示意图

相对于井下微地震监测较为固定的仪器布置方式,地面监测模式就需要对监测点的布置作细致研究。一般采用散射状排列和 4D 偏移定位技术,使最低频信号从最深震源到最近采集站和最远采集站行程的差至少达到1/2波长,这样才有可能使噪声发生振幅抵消,有效信号得到相干相加的效果,如图4.32所示。

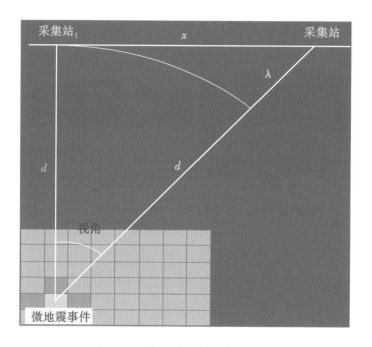

图4.32　微地震事件采集示意图

接收点密度设计时应满足最高频信号从最浅震源到两个相邻的采集站行程的差(或采集站间距)不大于1/2波长,这样定位时才不至于发生假频。检波器覆盖范围要能刻画水平井轨迹垂向方向周围500 m范围内的微地震事件,保证每个可能发生微地震的地方周围3 000 m(成像孔径)范围有接收点。长方形内区域为微地震事件发生核心区域,分别以四个边界控制点为圆心,以3 000 m为半径画圆,确定的检波器覆盖范围边界,如图4.33所示。

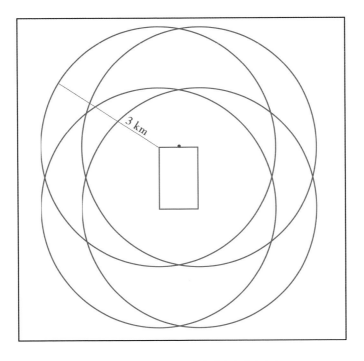

图 4.33　检波器覆盖范围示意图

在检波器覆盖范围内,从井口出发散射状排列 10 条接收线,水平井轨迹方向为微地震事件发生核心区域,排列相对密集,布设 6 条接收线。由于井口附近噪声干扰严重,设计接收线最小号检波点距井口的缺口半径为 300 m,如图 4.34 所示。

在监测前要进行背景噪声的录制,对噪声进行分析,制订针对性的噪声处理流程,去除背景噪声中的规则干扰。对于腐殖层埋深较厚地段,必须除去表层浮土及腐殖层,进行打坑埋置,保证检波器与地面良好耦合;在灰岩出露区域,将位于岩石上的物理点就近偏移至泥土中,埋置时将泥土夯实,再埋置检波器;在河滩砾石或者基岩直接出露的河滩地段,采用填黏土、夯实的方法埋置检波器。

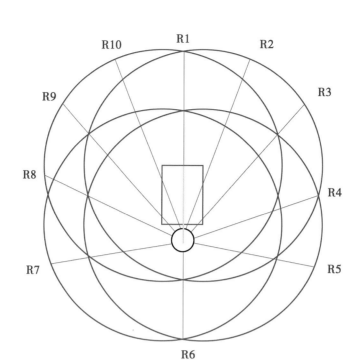

图 4.34　排列布设示意图

参考文献

[1] 潘仁芳,黄晓松.页岩气及国内勘探前景展望[J].中国石油勘探,2009,14(3):1-5.

[2] 陈尚斌,朱炎铭,王红岩,等.中国页岩气研究现状与发展趋势[J].石油学报,2010,31(4):689-694.

[3] 周贤海.涪陵焦石坝区块页岩气水平井钻井完井技术[J].石油钻探技术,2013(5):26-30.

[4] 路保平.中国石化页岩气工程技术进步及展望[J].石油钻探技术,2013(5):1-8.

［5］聂靖霜.威远、长宁地区页岩气水平井钻井技术研究［D］.成都:西南石油大学,2013.

［6］臧艳彬,白彬珍,李新芝,等.四川盆地及周缘页岩气水平井钻井面临的挑战与技术对策［J］.探矿工程(岩土钻掘工程),2014(5):20-24.

［7］邓元洲.页岩气"井工厂"钻井技术现状及展望［J］.化工管理,2016(13):156-156.

［8］姚健欢,姚猛,赵超,等.新型"井工厂"技术开发页岩气优势探讨［J］.天然气与石油,2014,32(5):52-56.

［9］周贤海,臧艳彬.涪陵地区页岩气山地"井工厂"钻井技术［J］.石油钻探技术,2015(3):45-49.

［10］何启平,尹丛彬,李嘉,等.威远-长宁地区页岩气压裂返排液回用技术研究与应用［J］.钻采工艺,2016,39(1):118-121.

［11］范红良.国外页岩气压裂返排液处理新技术综述［J］.资源节约与环保,2016(4):16.

［12］吕雷,王梓民,杨志刚.页岩气压裂返排液处理回用中的问题及对策［J］.环境工程学报,2017,11(2):965-969.

［13］黄桃.四川长宁龙马溪组页岩气水平井钻井液防塌技术研究［D］.成都:西南石油大学,2015.

［14］周雪.川西页岩气水平井油基钻井液技术研究［D］.成都:西南石油大学,2014.

［15］林永学,王显光,李荣府.页岩气水平井低油水比油基钻井液研制及应用［J］.石油钻探技术,2016,44(2):28-33.

[16] 梁文利,宋金初,陈智源,等. 涪陵页岩气水平井油基钻井液技术[J]. 钻井液与完井液,2016,33(5):19-24.

[17] 孙凯. 水力振荡器在焦石坝页岩气井中的应用[J]. 石油矿场机械,2016,45(4):82-84.

[18] 袁进平,于永金,刘硕琼,等. 威远区块页岩气水平井固井技术难点及其对策[J]. 天然气工业,2016,36(3).

[19] 乔李华,周长虹,高建华. 长宁页岩气开发井气体钻井技术研究[J]. 钻采工艺,2015(6):15-17.

[20] 谭春勤,刘伟,丁士东,等. SFP弹韧性水泥浆体系在页岩气井中的应用[J]. 石油钻探技术,2011,39(3):53-56.

[21] 刘洪,刘庆,陈乔,等. 页岩气水平井井壁稳定影响因素与技术对策[J]. 科学技术与工程,2013,13(32):9598-9603.

[22] 唐嘉贵. 川南探区页岩气水平井钻井技术[J]. 石油钻探技术,2014(5):47-51.

[23] 艾军,张金成,臧艳彬,等. 涪陵页岩气田钻井关键技术[J]. 石油钻探技术,2014(5):9-15.

[24] 喻甫成. 四川长宁页岩气丛式井钻井提速技术方案[J]. 石化技术,2015,22(6):128.

[25] 张德军. 页岩气水平井地质导向钻井技术及其应用[J]. 钻采工艺,2015(4):7-10.

[26] 陈海力,邓素芬,王琳,等. 免钻磨大通径桥塞技术在页岩气水平井分段改造中的应用[J]. 钻采工艺,2016,30(2):123-125.

[27] 付永强,马发明,曾立新,等. 页岩气藏储层压裂实验评价关键技术 [J]. 天然气工业,2011,31(4):51-54.

[28] 袁俊亮,邓金根,张定宇,等. 页岩气储层可压裂性评价技术[J]. 石油 学报,2013,34(3):523-527.

[29] 唐颖,张金川,张琴,等. 页岩气井水力压裂技术及其应用分析[J]. 天 然气工业,2010,30(10):33-38.

[30] 陈作,薛承瑾,蒋廷学,等. 页岩气井体积压裂技术在我国的应用建议 [J]. 天然气工业,2010,30(10):30-32.

[31] 马超群,黄磊,范虎,等. 页岩气井压裂技术及其效果评价[J]. 石油化 工应用,2011,30(5):1-3.

[32] 唐颖,唐玄,王广源,等. 页岩气开发水力压裂技术综述[J]. 地质通 报,2011,30(2):393-399.

[33] 李奎为,贾长贵,李洪春,等. 页岩气水力压裂工具应用分析[C]. 年度 钻井技术研讨会暨石油钻井院所长会议,2011.

[34] 蒋廷学,贾长贵,王海涛,等. 页岩气网络压裂设计方法研究[J]. 石油 钻探技术,2011,39(3):36-40.

[35] 段永刚,李建秋. 页岩气无限导流压裂井压力动态分析[J]. 天然气工 业,2010,30(10):26-29.

[36] 薛承瑾. 页岩气压裂技术现状及发展建议[J]. 石油钻探技术,2011, 39(3):24-29.